建筑施工特种作业人员安全技术培训教材

塔式起重机安装拆卸工

窦汝伦　崔乐芙　主编

中国环境出版集团·北京

图书在版编目（CIP）数据

塔式起重机安装拆卸工 / 窦汝伦，崔乐芙主编. —北京：中国环境出版集团，2021.12

建筑施工特种作业人员安全技术培训教材

ISBN 978-7-5111-4466-9

Ⅰ. ①塔… Ⅱ. ①窦… ②崔… Ⅲ. ①塔式起重机—装配（机械）—安全培训—教材 Ⅳ. ①TH213.308

中国版本图书馆 CIP 数据核字（2020）第 201674 号

出 版 人　武德凯
责任编辑　张于嫣
责任校对　任　丽
封面设计　彭　杉

出版发行　中国环境出版集团
（100062　北京市东城区广渠门内大街 16 号）
网　　址：http：//www.cesp.com.cn
电子邮箱：bjgl@cesp.com.cn
联系电话：010-67112765（编辑管理部）
010-67112739（第三分社）
发行热线：010-67125803，010-67113405（传真）

印　　刷　北京市联华印刷厂
经　　销　各地新华书店
版　　次　2021 年 12 月第 1 版
印　　次　2021 年 12 月第 1 次印刷
开　　本　850×1168　1/32
印　　张　9.375
字　　数　260 千字
定　　价　30.00 元

《建筑施工特种作业人员安全技术培训教材》
编　委　会
（排名不分先后）

前言

本书根据建筑工程安全生产相关法律法规、塔式起重机最新安全技术相关标准规范及住房和城乡建设部颁布的《建筑施工特种作业人员管理规定》《建筑施工特种作业人员安全技术考核大纲（试行）》和《建筑施工特种作业人员安全操作技能考核标准（试行）》编写。本书在系统阐述建筑施工特种作业人员应掌握的安全生产基本知识（安全生产法律法规和规章制度、特种作业人员管理制度、高处作业安全防护、消防、应急救援、安全用电等知识）和专业基础知识（识图、材料、力学、机械、电气、液压、钢结构、起重零部件等）的基础上，对建筑施工常用塔式起重机专业技术理论及塔式起重机安装拆卸工安全操作技能做了较全面的介绍。本书立足实用，理论联系实际。

本书分 2 篇 13 章，专业基础篇包括力学基础知识、机械基础知识、液压传动基础知识、钢结构基础知识、起重吊装及手势信号；专业技术篇包括塔式起重机结构原理、塔式起重机的安全装置、塔式起重机电气系统、塔式起重机基础、塔式起重机安装与拆卸、塔式起重机的常见故障及其排除方法、塔式起重机事故原因分析及应急预案、塔式起重机典型事故案例分析。

本书由窦汝伦、崔乐芙主编。张杰同志也参与了编写。在本书编写过程中得到了中国建筑科学研究院建筑机械化研究分院的大力支持，编写内容参考了众多相关标准规范和教材书籍，在此向帮助我们的专家学者以及参考文献的编著者们表示最衷心的感谢！

本书作为塔式起重机安装拆卸工的培训教材，既可作为职业技能鉴定相关工种的培训教材，也可作为高等职业技术院校相关专业的教材和相关工程技术人员、管理人员的参考书。

由于编者水平有限，错误和不当之处在所难免，敬请专家和读者批评指正。

编者

目　　录

专业基础篇

专业技术篇

专业基础篇

第一章　力学基础知识

第一节　理论力学基础知识

一、力的概念

力是物体间的机械作用，这种作用可使物体的机械运动状态发生变化或使物体的形状发生变化。

力对物体的作用效果取决于 3 个要素：力的大小、力的方向和力的作用点。改变任何要素都会改变力对物体的作用效果。

为了衡量力的大小，必须确定力的单位。在国际单位制（SI 制）中，以“牛顿”作为力的单位，记作 N。有时也以“千牛顿”作为单位，记作 kN。在工程单位制中，力的常用单位是“千克力”，记作 kgf；有时也采用“千公斤力”即“吨力”，记作 tf。本书采用国际单位制。牛顿和公斤力的换算关系是 1 kgf≈9.8 N。

力是物体间的相互作用，因此它们必然是成对出现的。一个物体以一个力作用于另一个物体上时，另一个物体必以一个大小相等、方向相反且沿同一个作用线的力作用在此物体上，即作用力和反作用力大小相等、方向相反，分别作用在两个物体上。

二、力的平衡

如在两个或者两个以上的力的作用下，物体保持静止不动或做匀速运动的状态，这种现象称为力的平衡。

1. 平面汇交力系的平衡条件

平面汇交力系的平衡条件是它们的合力等于零，即各力在2个坐标轴上投影的代数和分别等于零，平衡方程式为

$$\begin{cases}\sum_{i=1}^{n} X_i = 0 \\ \sum_{i=1}^{n} Y_i = 0\end{cases} \tag{1-1}$$

二力平衡原理：物体在两个力的作用下保持平衡的条件是，这两个力大小相等、方向相反，且作用在同一直线上。

三力平衡汇交定理：作用于物体上3个相互平衡的力，若其中两个力的作用线汇交于一点，则此三力必在同一平面内，且第3个力的作用线通过汇交点，即此力系一定是平面汇交力系。

【例1-1】如有一根钢梁自重力30 kN，由1、2两根长度相同、与水平线的夹角为45°的吊索吊起，如图1-1（a）所示，试求这两根吊索受力大小。

绘图法：根据力的平衡条件，取1 cm表示10 kN，平行于重力方向画出梁重30 kN、长度为3 cm的线段*AB*，在同一条直线上沿梁重的相反方向画出与梁重大小相等的力的线段*AC*，则这个力与梁重互为平衡。然后把这个力按照两根吊索的夹角进行力的分解，画出平行四边形*ADCE*，量出*AD*、*AE*长度，即可得1和2两根吊索所受的拉力各为21.2 kN，如图1-1（b）所示。

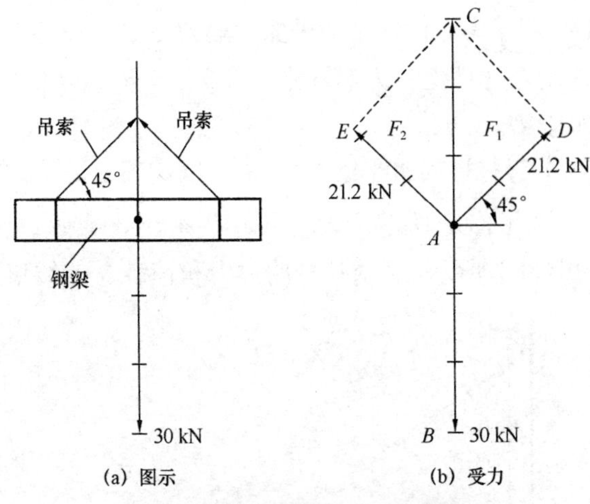

(a) 图示　　(b) 受力

图 1-1　钢梁被吊起时力的平衡

解析法：选取 x 轴为水平方向，据平衡方程

$$\begin{cases}\sum_x = 0,\ F_1 \times \cos 45^\circ + F_2 \times \cos 135^\circ = 0 \\ \sum_y = 0,\ F_1 \times \sin 45^\circ + F_2 \times \sin 45^\circ - 30 = 0\end{cases}$$

解得 $F_1=F_2=21.2$ kN

2. 平面任意力系的平衡条件

平面任意力系的平衡条件是所有各力在 2 个任选的坐标轴中每一轴上的投影的代数和分别等于零，以及各力对于任意一点的矩的代数和也等于零。平衡方程为

$$\begin{cases}\sum_{i=1}^{n} X_i = 0 \\ \sum_{i=1}^{n} Y_i = 0 \\ \sum_{i=1}^{n} m_O(F_i) = 0\end{cases} \qquad (1\text{-}2)$$

在力的作用下，能够围绕某一固定支点转动的构件称为杠杆，

如撬棍、秤、钳子等。杠杆作为平面一般力系的一种情况，它的平衡条件是作用在杠杆上各力对固定点（支点）的力矩代数和为零，即合力矩等于零。

【例 1-2】起重机的水平梁 AB，A 端以铰链固定，B 端用钢丝绳 BC 拉住，如图 1-2 所示。梁自重力 P=4 kN，载荷 Q=10 kN。梁的尺寸如图 1-2 所示。试求拉杆的拉力和铰链 A 的约束反力 R_A。

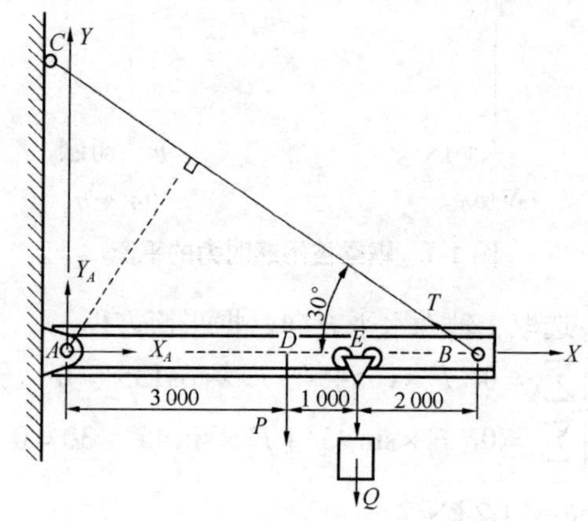

图 1-2　起重机水平梁受力示意

解：

① 选取梁 AB 与重物一起作为研究对象。

② 画受力图。在梁上除了受已知力 P 和 Q 的作用外，还受未知力钢丝绳拉力 T 和铰链 A 的约束反力 R_A 的作用。钢丝绳拉力 T 沿着连线 BC 方向，力 R_A 的方向未知，故分解为两个分力 X_A 和 Y_A。这些力的作用线可近似地认为分布在同一平面内。

③ 列平衡方程。由于梁 AB 处于平衡，因此这些力必然满足平面任意力系的平衡方程。取坐标轴如图 1-2 所示，应用平面任意力系的平衡方程，得

$$\begin{cases}\sum X=0, & X_A-T\cos30°=0\\ \sum Y=0, & Y_A+T\sin30°-P-Q=0\\ \sum m_A(F)=0, & T\times AB\times\sin30°-P\times AD-Q\times AE=0\end{cases}$$

④ 解联立方程得

$$\begin{cases}T=17.33\text{ kN}\\ X_A=15.01\text{ kN}\\ Y_A=5.33\text{ kN}\end{cases}$$

第二节　物体的计算

在起重吊装作业中，我们经常根据物体的形状、质量选用不同的工具、设备，采用不同的吊装起重方法进行施工。因此起重作业人员应掌握一般面积、体积计算方法。

一、面积的计算

在施工中，为了合理地选择施工场地或确定板材的重量，需要进行物体的面积计算，经常遇到的有下列几种图形或它们的组合体，其计算公式见表 1-1。

表 1-1　面积（S）和重心（y_c）的计算公式

图形	公式
平行四边形 a、h、y_c	$S=ah$ $y_c=\frac{h}{2}$

续表

图形	公式
圆形 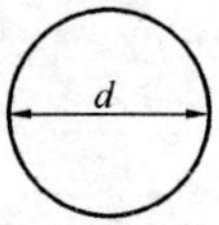	$S=\frac{\pi}{4}d^2$
三角形 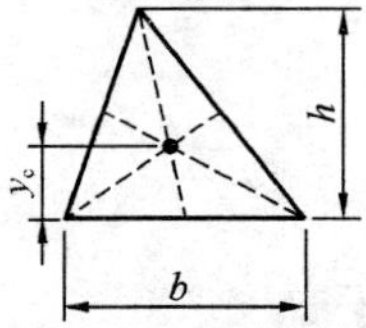	$S=\frac{1}{2}bh$ $y_c=\frac{h}{3}$
梯形 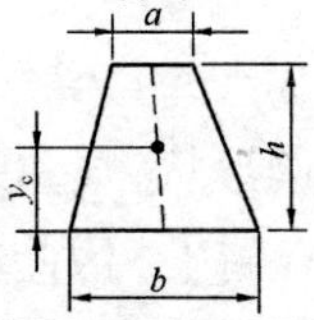	$S=\frac{1}{2}(a+b)h$ $y_c=\frac{(2a+b)h}{3(a+b)}$
扇形 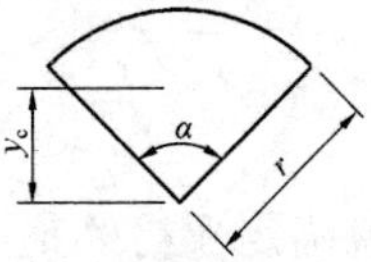	$S=\frac{1}{2}r^2\alpha$ $y_c=\frac{4}{3}\frac{r\sin\frac{\alpha}{2}}{\alpha}$ 对于半圆 $\alpha=\pi$，则 $y_c=\frac{4r}{3\pi}$
弓形 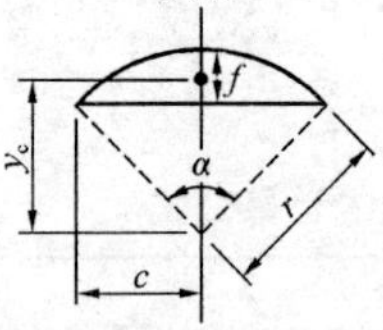	$S=\frac{1}{2}r^2\alpha-c(r-f)=\frac{1}{2}r^2(\alpha-\sin\alpha)$ $y_c=\frac{2}{3}\cdot\frac{r^3\sin^3\frac{a}{2}}{S}$
正方形 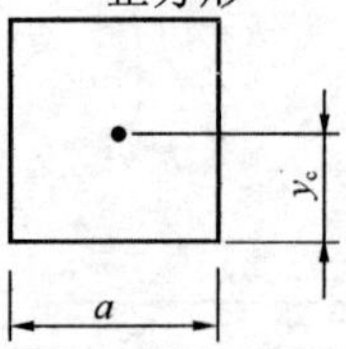	$S=a^2$ $y_c=\frac{a}{2}$

续表

图形	公式
圆环	$S=\frac{\pi}{4}(D^2-d^2)$

注：α 单位为弧度。

二、体积的计算

在起重作业中，物体质量的计算是很重要的，只有准确地把握物体的质量，才能正确地选择施工方法和施工机具。而要确定物体的质量首先要确定物体的体积。常用几种形状物体的体积计算公式见表 1-2。

表 1-2　常用几种形状物体的体积（V）和重心（Z_c）的计算公式

形状	公式
立方体	$V=abh$ $Z_c=\frac{h}{2}$
圆柱体	$V=\frac{\pi}{4}d^2h$ $Z_c=\frac{h}{2}$

续表

形状	公式
正六棱柱体	$V=2.598b^2h$ $Z_c=\frac{h}{2}$
正圆锥体	$V=\frac{\pi}{3}r^2h$ $Z_c=\frac{h}{4}$
球体	$V=\frac{\pi}{6}d^3$
圆环体	$V=\frac{\pi^2}{4}Dd^2$

物体的质量=物体的体积×物体的密度

物体的密度概念：单位体积内所含的质量，称为密度。密度的单位是吨/米^3（t/m^3）或克/厘米^3（g/cm^3）。各种常用材料的密度见表 1-3。

表 1-3　常用材料的密度

材料名称	密度/（g/cm³）	材料名称	密度/（g/cm³）
碳钢	7.85	素混凝土	2.0
铸钢	7.8	钢筋混凝土	2.3～2.5
紫铜	8.9	花岗石	2.6～3.0
黄铜	8.8	红松	0.44
铝	2.77	落叶松	0.625
铝合金	2.67～2.8	石灰石	2.6～2.8
铸造铝合金	2.6～2.85	柴油	0.78～0.82
铝板	11.37	聚乙烯	0.91～0.95

三、重心的计算

重心就是物体各部分重量的中心。也可以认为物体的全部重量作用在重心上。

在起重作业中了解物体的重心很重要。当用绳索吊一物体时，系结点的位置必须根据重心的位置合理选定。一般选择吊点位置时，应按下列原则进行：

① 如设备已设有吊点，则一般不可再另设吊点。如设有标记的捆绑部位，则应按设计部位进行捆绑。利用原有吊点时注意，要在确认设备上已有的吊耳、吊环等是为吊装设备整体而设，还是为吊装部分或某部件而设后，才可利用。

② 选用吊点位置应能保证吊件的稳定与平衡。所选的吊点位置应确保不会因吊件的自重而引起塑性变形。

③ 方形物体，可在物体的两端或四角上捆绑起吊。

④ 吊运水平状态下的长形物体，如塔类、格构式构件、混凝土桩、各种口径管类等，吊点位置应在重心两端，吊钩通过重心。

竖立物件时，吊点应在重心上端。

⑤ 拖拉重物时，长物体如顺长度方向拖拉时，捆绑点位置应在重心前端；横拉时，两个捆绑点位置应在距重心等距离的两端。

（1）简单形体的重心。

简单形体的重心，可以用数学方法求得，计算较容易。如长方体的重心在 1/2 长度的对角线交点上，圆柱体的重心在 1/2 长度的断面圆心上，三角形的重心在三角形中线的交点上。常用形体的重心计算见表 1-1、表 1-2。

（2）用组合法求重心。

在工程实际中，经常遇到物体是由一些简单几何形状的物体所构成的情况。对于这样的物体，可用分割法求得物体重心的坐标。

（3）用实验法测定重心的位置。

在工程实际中经常会遇到形状复杂的物体，应用上述方法计算重心位置很困难。要准确地确定物体重心的位置，也常用实验法进行测定。下面介绍两种方法。

① 悬挂法。如果需要求一薄板的重心，可先将板悬挂于任一点 A，如图 1-3 所示，根据二力平衡条件，重心必在过悬挂点的直线上，于是可在板上画出此线；然后再将板悬挂于另一点 B，同样可画出另一直线，两直线相交点 C 就是重心。

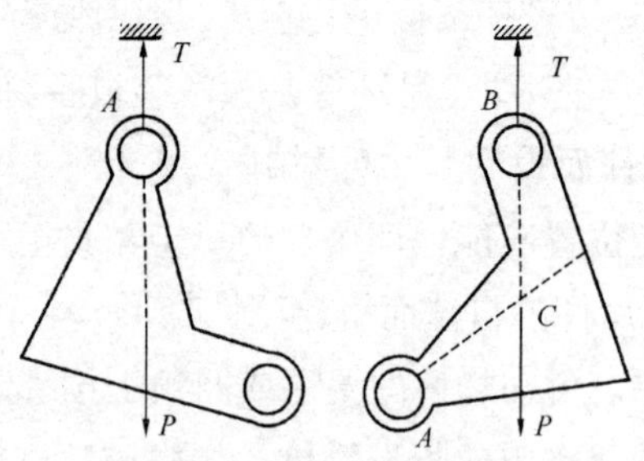

图 1-3　悬挂法测重心

② 称重法。下面以汽车为例，简述用称重法测定重心 C 距后轮的距离 x_c。如图 1-4 所示，首先称量出汽车的重量 P，测量出前后轮距 l。

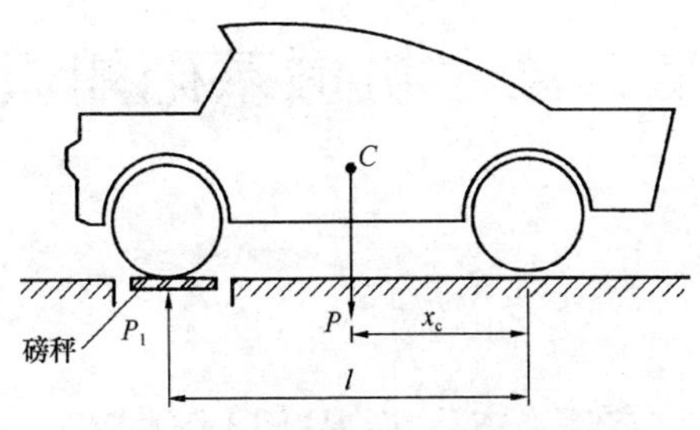

图 1-4　称量法测重心

为了测定 x_c，将汽车后轮放在地面上，前轮放在磅秤上，车身保持水平，这时磅秤上的读数为 P_1。因车是平衡的，故

$$Px_c=P_1 l$$

于是得

$$x_c=\frac{P_1}{P}l \tag{1-3}$$

第二章　机械基础知识

第一节　常用机械传动

机械传动是一种最基本的传动方式。一台机器通常是由一些零件（如齿轮、蜗杆、带轮、链轮等）组成各种传动装置来传递运动和动力的。

机械是机器和机构的泛称，通常由原动机、传动机构与工作机构组成，如图 2-1 所示。

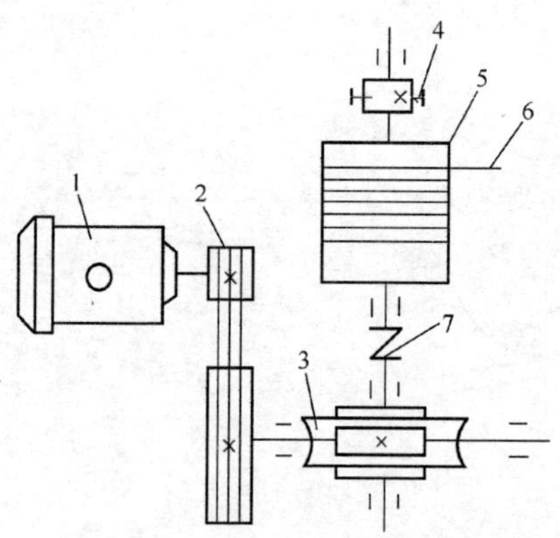

1—电动机；2—带轮传动；3—蜗杆蜗轮传动；
4—电磁抱闸；5—卷筒；6—钢丝绳；7—联轴器。

图 2-1　电动卷扬机

机械的原动机是机械工作的动力来源，工作机构是机械直接从事工作的部分，原动机和工作机构之间的传动装置是传动机构。

机械传动的作用是：

① 能够传递运动和动力。原动机的运动和动力通过传动机构分别传至各工作机构。

② 能改变运动方式。一般原动机的运动形式是旋转运动，通过传动机构可将旋转运动改变为工作机构所需要的运动形式，例如往复直线运动。

③ 能调节运动的速度和方向。工作机构所需要的速度和方向往往与原动机的速度和方向不符，传动机构可将原动机的运动和速度方向调整到工作机构所需要的情况。

一、带传动

带传动通常由固联于主动轴上的主动带轮、固联于从动轴上的从动带轮和紧套在两种带轮上的传动带组成，如图 2-2 所示。

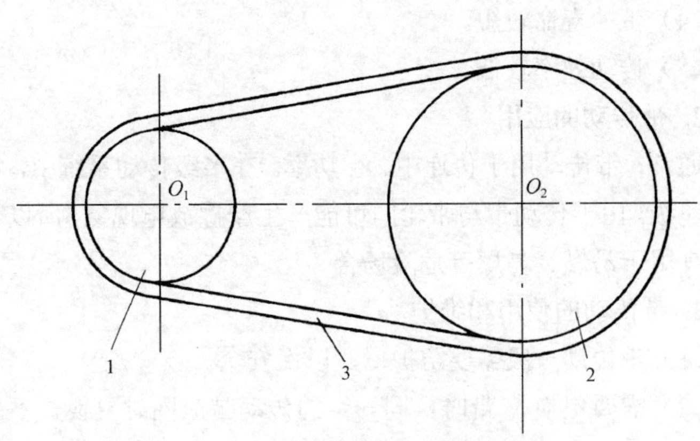

1—主动带轮；2—从动带轮；3—传动带。

图 2-2　带传动的组成

带传动的类型很多，有平带传动、V 带传动（又称三角带传动）、圆形带传动、多楔带传动、同步齿形带传动等。V 带传动的工作面是与带轮槽相接触的两侧面，传动中产生的摩擦力较大，因此传动能力强，建筑起重机械中大部分使用的是 V 带传动。

1. 带传动的特点

带传动的主要优点：

（1）适用于中心距较大的传动。

（2）因为传动带具有良好的弹性，所以能缓和冲击，吸收振动。

（3）过载时，带和带轮间会出现打滑，可防止机器中其他零件的损坏，起过载保护作用。

（4）结构简单，制造、安装精度要求低，成本低廉。

带传动的主要缺点：

（1）传动的外廓尺寸较大。

（2）带与带轮间需要较大的压力，因此对轴的压力较大，并且需要张紧装置。

（3）不能保证准确的传动比。

（4）带的寿命较短。

（5）传动效率较低。

2. 带传动的应用

通常，带传动用于传递中、小功率。在多级传动系统中，常用于高速级。由于传动带与带轮间可能产生摩擦放电现象，所以带传动不宜用于易燃、易爆等危险场合。

3. 带传动的使用和维护

（1）带传动一般需要防护罩，以保安全。

（2）需要更换 V 带时，同一组的传动带应同时更换，不能新旧并用，以免长短不一造成受力不均。

（3）胶带不宜与酸、碱、油接触；工作温度不宜超过 60℃。

（4）V 带工作一段时间后，必须重新张紧，调整带的初拉力，如图 2-3 所示。

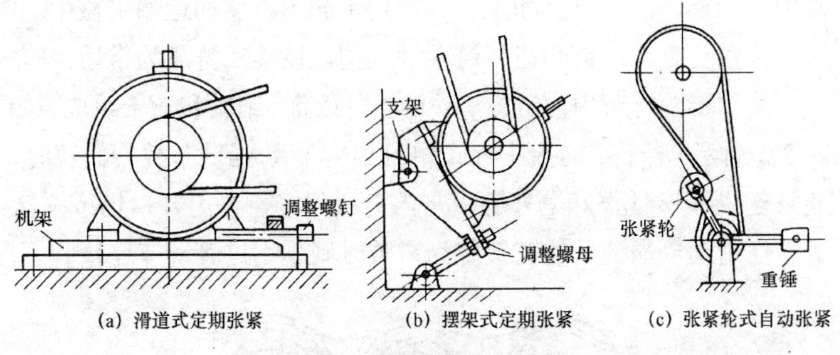

(a) 滑道式定期张紧　(b) 摆架式定期张紧　(c) 张紧轮式自动张紧

图 2-3　带传动的张紧装置

二、链传动

链传动由主动链轮、从动链轮和链条组成，如图 2-4 所示。链轮上具有轮齿，依靠链轮轮齿与链节的啮合来传递运动和动力。所以链传动是一种具有中间挠性件的啮合传动。

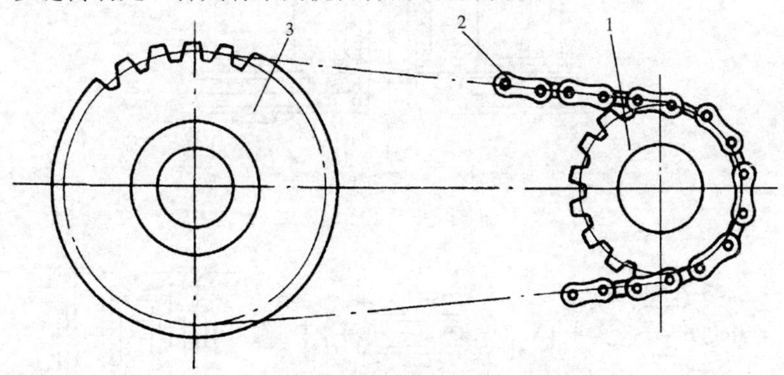

1—主动链轮；2—链条；3—从动链轮。

图 2-4　链传动

链传动主要用于要求工作可靠、两轴相距较远、工作条件恶劣的场合中。

按用途不同，链可分为传动链、起重链和曳引链。一般机械中常用传动链，而起重链和曳引链常用于起重机械和运输机械中。

传动链有滚子链和齿形链两种类型，以滚子链最为常用。

滚子链的链节由内链板、外链板、套筒、销轴和滚子组成，如图 2-5 所示。滚子链的接头方式如图 2-6 所示。当链节数为偶数时，链条连成环形时正好是外链板与内链板相接，再用开口销或弹簧卡锁住销轴。当链条的链节数为奇数时则采用过渡链节连接。

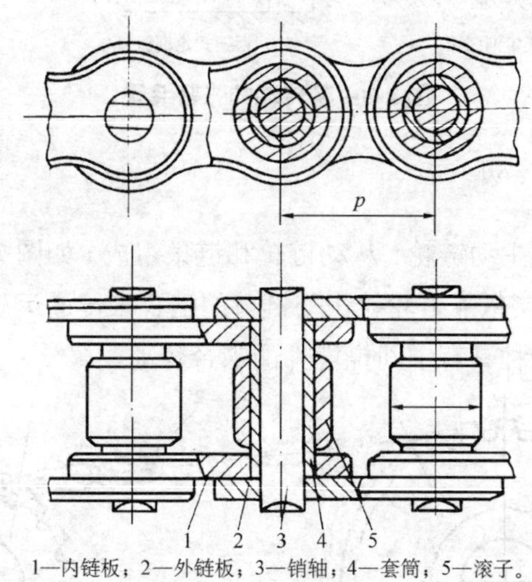

1—内链板；2—外链板；3—销轴；4—套筒；5—滚子。

图 2-5 滚子链

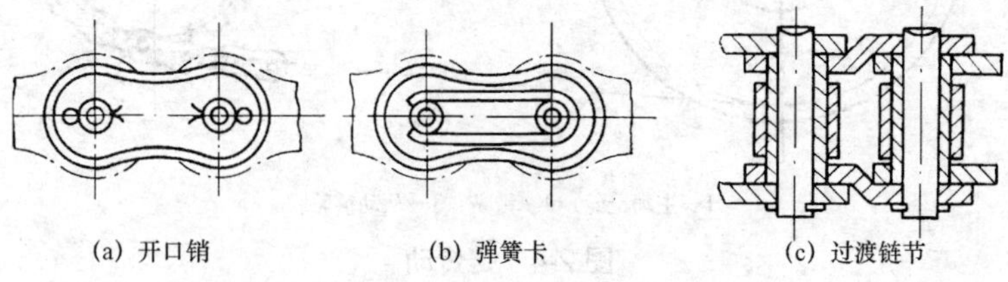

(a) 开口销　(b) 弹簧卡　(c) 过渡链节

图 2-6 滚子链的接头方式

相邻两滚子中心之间的距离称为链条的节距，用 p 表示。它是链条的主要参数，节距越大，链条各零件的尺寸也越大，链条所能传递的功率就越大。

润滑对链传动影响很大，良好的润滑将减少磨损，缓和冲击，提高承载能力，延长链及链轮的使用寿命。

常用的润滑方式有

① 使用油壶或油刷供油。

② 滴油润滑。

③ 油浴或飞溅润滑。

④ 油泵强制润滑。

推荐采用的润滑油为 N32 号、N46 号和 N68 号机械油，它们分别相当于 HJ20 号、HJ30 号和 HJ40 号机械油。环境温度高或载荷大的条件下宜取用黏度高的润滑油，反之宜取用黏度低的。

三、齿轮传动

齿轮传动是指由齿轮副传递运动和动力的装置，它是现代各种设备中应用最广泛的一种机械传动方式。齿轮传动的类型很多，以满足实际生产的需要。齿轮传动的基本类型如图 2-7 所示。

齿轮在传动过程中会发生轮齿折断、齿面破坏等现象，从而失去工作能力，这种现象称为齿轮传动的失效。齿轮传动的失效形式主要有以下几种：

（1）轮齿折断。

在载荷反复作用下，齿根弯曲应力超过允许限度时发生疲劳折断；用脆性材料制成的齿轮，因短时过载、冲击发生突然折断。开式齿轮传动和闭式齿轮传动都有可能发生这种失效形式。

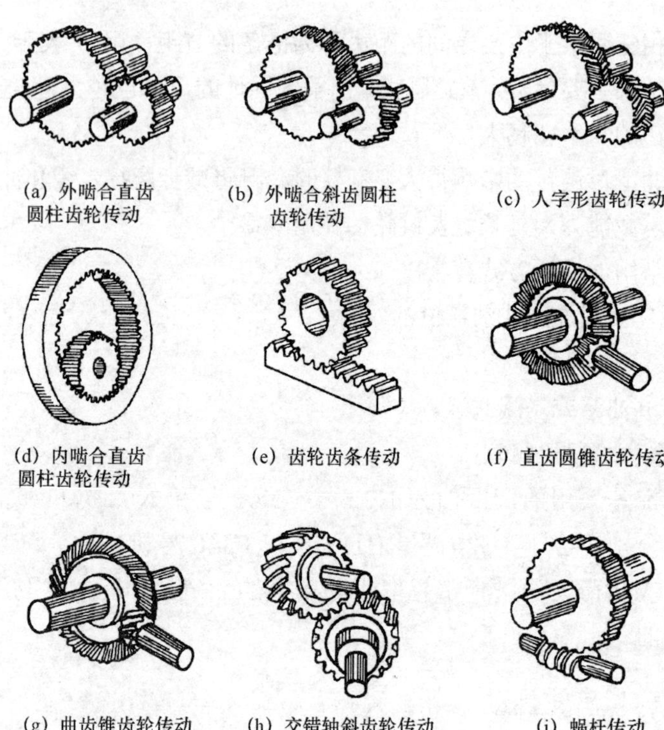

图 2-7　齿轮传动的基本类型

（2）齿面点蚀。

轮齿工作面上出现细小的凹坑，这种在齿面表层产生的疲劳破坏称为疲劳点蚀，简称齿面点蚀。点蚀轮齿有效承载面积减小，齿廓表面被破坏，引起冲击和噪声，进而导致齿轮传动的失效。疲劳点蚀首先出现在靠近节线的齿根表面。

齿面抗点蚀能力与齿面硬度及润滑状态有关，齿面硬度越高，则抗点蚀能力越强。疲劳点蚀是润滑良好的闭式软齿面齿轮传动的主要失效形式。

（3）齿面磨损。

齿面磨损通常是磨粒磨损。在齿轮传动中，由于灰尘、铁屑等磨料性物质落入轮齿工作面之间而引起的齿面磨损即磨粒磨损。齿面磨损是开式齿轮传动的主要失效形式。

（4）齿面胶合。

在高速重载或润滑不良的低速重载的齿轮传动中，由于相啮合的两齿面出现局部温度过高、润滑效果差导致齿面发生粘连而使传动失效的现象，称为齿面胶合。

（5）齿面塑性变形。

齿面较软的齿轮在频繁启动和严重过载时，在齿面很大压力和摩擦力的作用下，齿面金属产生局部塑性变形而使传动失效的现象称为齿面塑性变形。

四、蜗杆传动

蜗杆传动用于传递两交错轴之间的运动和动力，两轴交错角通常为90°。蜗杆传动由蜗杆和与它啮合的蜗轮组成，如图2-8所示。

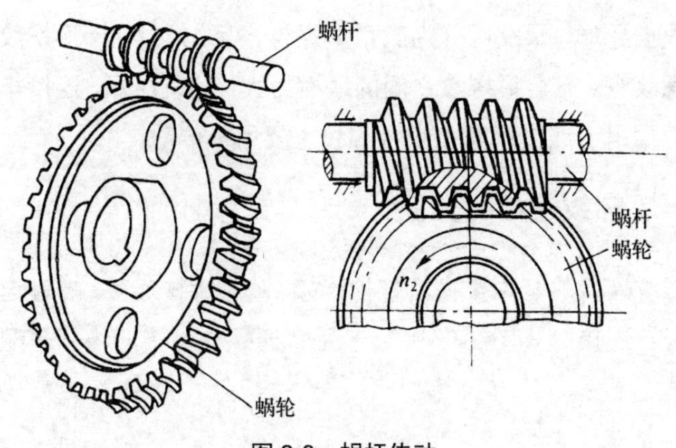

图2-8　蜗杆传动

蜗杆传动的特点：

1）传动比大，结构紧凑。

2）传动平稳，振动小、噪声低。

3）可以设计成具有自锁性的传动。

4）效率低。一般效率只有 0.7～0.9，具有自锁性能的蜗杆传动效率仅为 0.5 以下。

5）成本高。为了减少啮合齿面内的摩擦和磨损，要求蜗轮副的配对材料应有较好的减磨性和耐磨性，为此，通常要选用较贵重的金属制造蜗轮，使成本提高。

第二节　螺纹连接

利用带螺纹的零件，把需要相对固定在一起的零件连接起来，称为螺纹连接。螺纹连接是一种可拆连接，其结构简单、形式多样、连接可靠、装拆方便。

根据牙形，螺纹可分为三角形螺纹、矩形螺纹、梯形螺纹和锯齿形螺纹等。三角形螺纹之间的摩擦力大，自锁性好，连接牢固可靠，主要用于连接；其余三种螺纹主要用于传动。

一、螺纹连接的类型

螺纹连接的基本类型有螺栓连接、双头螺柱连接、螺钉连接和紧定螺钉连接等。图 2-9 中（a）是普通螺栓连接，（b）是配合螺栓连接。

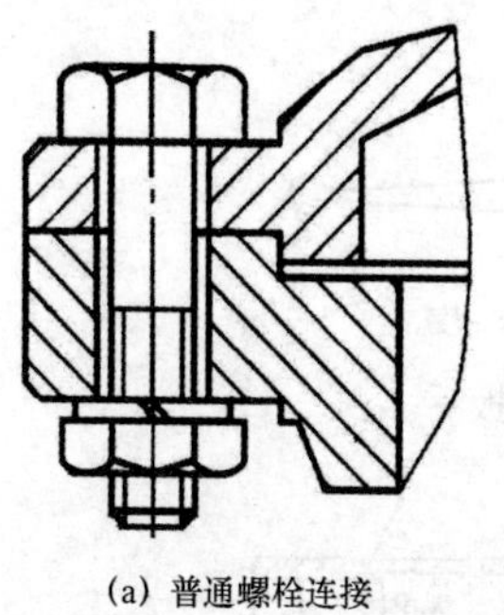

(a) 普通螺栓连接

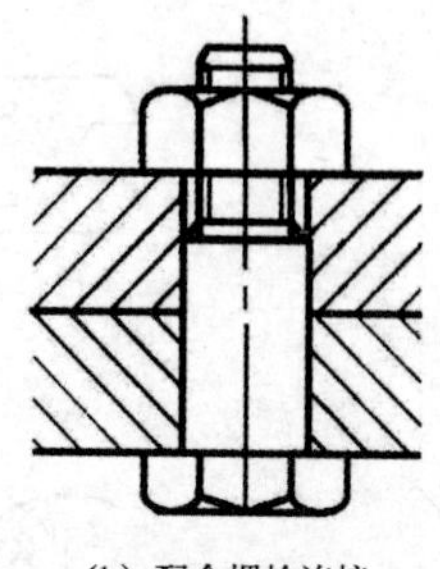

(b) 配合螺栓连接

图 2-9　螺栓连接

普通螺栓连接是指用螺栓穿过被连接件上的通孔，套上垫圈，再拧上螺母的连接。连接的特点是孔壁与螺栓杆之间留有间隙，结构简单，装拆方便。配合螺栓连接的孔壁与螺栓杆之间没有间隙，采用过渡配合，可以承受较大的横向载荷。

二、螺纹连接的预紧和防松

一般螺纹连接在装配时都必须拧紧，以增强连接的可靠性、紧密性和防松能力。连接件在承受工作载荷之前，就预先受到力的作用，这个预加作用力称为预紧力。如果预紧过紧，拧紧力过大，螺杆静载荷增大，就会降低本身强度。预紧过松，拧紧力过小，工作不可靠。

对于一般连接，可凭经验来控制预紧力 F_0 的大小，但对于重要的连接就要严格控制其预紧力。

控制预紧力通常采用测力矩扳手，如图 2-10 所示，或定力矩扳手，如图 2-11 所示，利用控制拧紧力矩的方法来控制预紧力的大小。

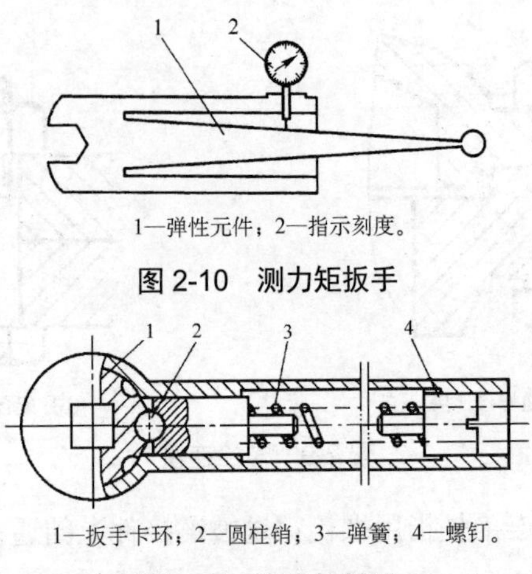

1—弹性元件；2—指示刻度。

图 2-10　测力矩扳手

1—扳手卡环；2—圆柱销；3—弹簧；4—螺钉。

图 2-11　定力矩扳手

实际工作中，在冲击、振动的外载荷作用下，在材料高温或温度变化大的情况下都会造成摩擦力减少，从而使螺纹连接松动，如经反复作用，螺纹连接就会松弛而失效，因此，必须进行防松。

防松工作原理即消除（或限制）螺纹副之间的相对运动，或增大相对运动的难度。防松的方法很多，按防松原理可分为摩擦防松、机械防松和永久防松。

常用防松装置的防松方法见表 2-1。

表 2-1　常用防松装置的防松方法

防松方法		结构形式	特点及应用
摩擦防松	对顶螺母	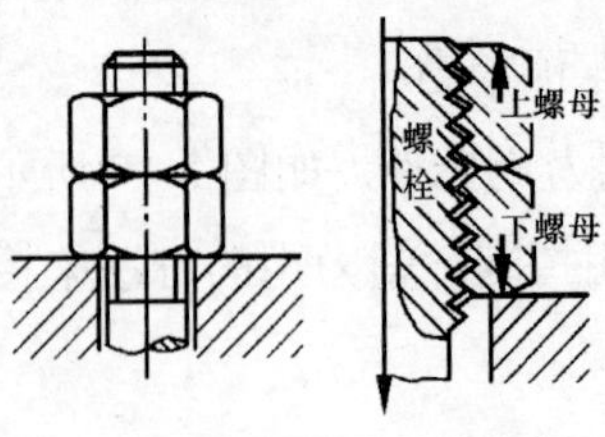 上螺母 螺栓 下螺母	利用两螺母的对顶作用，使旋合螺纹间始终受到附加压力和附加摩擦力的作用。结构简单，适用于平稳、低速和重载的固定装置上的连接

续表

防松方法		结构形式	特点及应用
摩擦防松	弹簧垫圈	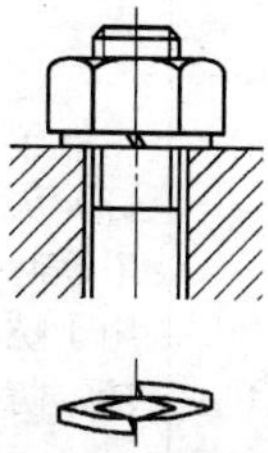	弹簧垫圈材料为弹簧钢，装配后垫圈被压平，其反弹力使螺纹间保持压紧力和摩擦力。由于垫圈的弹力不均匀，在冲击、振动的工作条件下，其防松效果较差，一般用于不太重要的连接
	自锁螺母	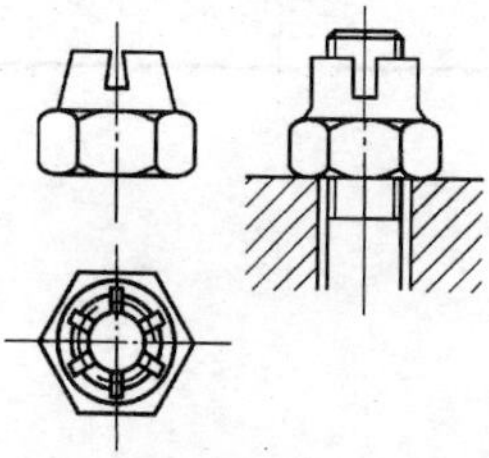	螺母一端做成非圆形收口或开缝后径向收口，螺母拧紧后，收口张开，利用收口的弹力使旋合螺纹间压紧。结构简单，防松可靠，可多次装拆而不降低防松性能
机械防松	开槽螺母和开口销	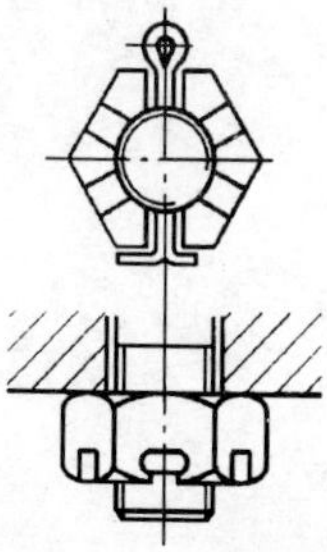	开槽螺母拧紧后，用开口销穿过螺栓尾部小孔和螺母的槽，也可用普通螺母拧紧后再配钻开口销孔。适用于较大冲击、振动的高速机械中运动部件的连接
	圆螺母和止动垫圈	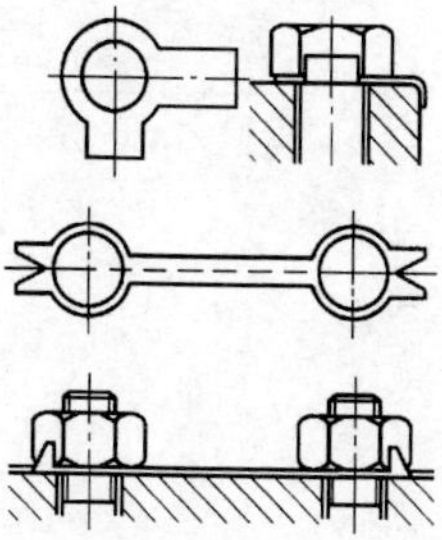	圆螺母拧紧后，将单耳或双耳止动垫圈分别向螺母和被连接件的侧面折弯贴紧，即可将螺母锁住。若两个螺栓需要双联锁紧时，可采用双联止动垫圈，使两个螺母相互制动。结构简单，使用方便，防松可靠

续表

防松方法		结构形式	特点及应用
机械防松	单连钢丝	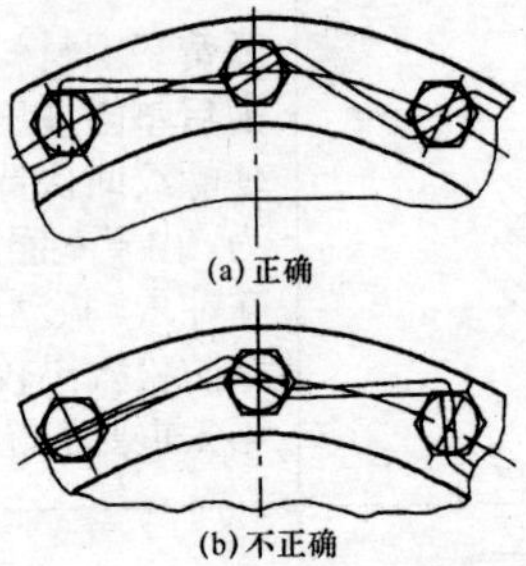 (a) 正确 (b) 不正确	用低碳钢丝穿入各螺栓（螺钉）头部的孔内，将各螺钉串联起来，使其相互制动。用于螺栓组（螺钉组）的连接，防松可靠，但装拆不便

第三章　液压传动基础知识

用液体作为工作介质，主要以液体压力来进行能量传递的传动系统称为液压传动系统。

液体主要是水或油，起重机液压系统传递能量的工作介质是液压油，液压油同时还肩负着摩擦部位的润滑、冷却和密封等作用，常用液压油按黏度有N32 HL抗磨液压油、N46 HL抗磨液压油和N68 HL抗磨液压油，液压油的使用寿命一般是4 000～5 000 h。

第一节　液压系统组成

液压系统一般是由动力部分、控制部分、工作执行部分和辅助部分组成。

一、动力部分

液压系统动力部分的主要液压元件是油泵，它是能量转换装置，通过油泵把发动机（或电动机）输出的机械能转换为液体的压力能，此压力能推动整个液压系统工作并使机构运转。

液压系统常用的油泵有齿轮泵、柱塞泵、叶片泵、转子泵和螺栓泵等，其中汽车起重机、塔式起重机等采用的油泵主要是齿轮泵和柱塞泵。

1. 齿轮泵

齿轮泵由装在壳体内的一对齿轮组成。根据需要齿轮油泵设计有二联油泵或三联油泵，各泵有单独或共同的吸油口及单独的排油口，分别给液压系统中各机构供压力油，以实现相应的动作，如图 3-1 所示。

2. 柱塞泵

柱塞泵分为轴向柱塞泵和径向柱塞泵。柱塞泵的主要组成部分有柱塞、柱塞缸、泵体、斜盘、传动轴及配油盘等，如图 3-2 所示。

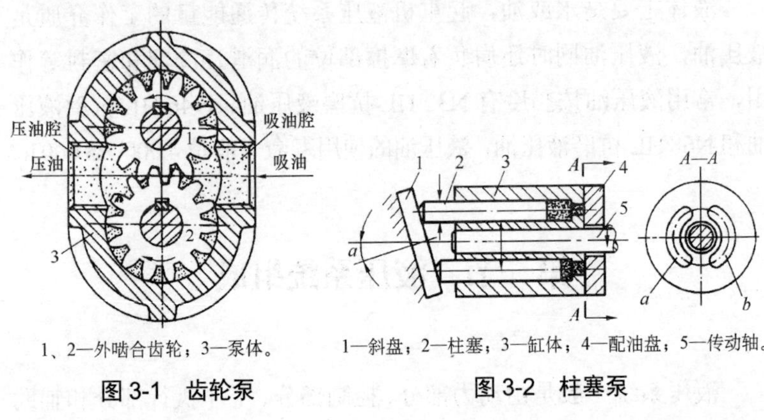

1、2—外啮合齿轮；3—泵体。

图 3-1　齿轮泵

1—斜盘；2—柱塞；3—缸体；4—配油盘；5—传动轴。

图 3-2　柱塞泵

二、控制部分

液压系统中的控制部分主要由不同功能的各种阀类组成，这些阀类的作用是控制和调节液压系统中油液流动的方向、压力和流量，以满足工作机构性能的要求。根据用途和工作特点，阀类可分为方向控制阀、压力控制阀和流量控制阀 3 种类型。

方向控制阀有单向阀和换向阀等；压力控制阀有溢流阀、减压阀、顺序阀和压力继电器等；流量控制阀有节流阀、调速阀和温度补偿调速阀等。

三、工作执行部分

液压传动系统的工作执行部分主要是靠油缸和液压马达（又称油马达）来完成，油缸和液压马达都是能量转换装置，统称液动机。

下面以汽车起重机使用的油缸和液压马达为例做简要介绍。

1. 油缸

油缸是执行元件，它将压力能转变为活塞杆直线运动的机械能，推动机构运动，变幅机构、伸缩机构、支腿等均靠油缸带动。油缸由缸筒、活塞、活塞杆、缸盖、导向套、密封圈等组成。

2. 液压马达

液压马达又称油马达，是执行元件。它将压力能转变为机械能，驱动起升机构和回转机构运转。起重机上常用的油马达有齿轮式马达和柱塞式马达。轴向柱塞式油马达因其容积效率高、微动性能好，在起升机构中最为常用。油马达与油泵互为可逆元件，构造基本相同，有些柱塞式马达与柱塞泵则完全相同，可互换使用。

四、辅助部分

液压系统的辅助部分由液压油箱、油管、密封圈、滤油器和蓄能器等组成。它们分别起储存油液、传导液流、密封油压、保持油液清洁、保持系统压力、吸收冲击力和油泵的脉冲压力等作用。

第二节　液压系统的基本回路

一、调压回路

调压回路的作用是限定系统的最高压力，防止系统的工作超载。图 3-3 是起重机主油路调压回路，它是用溢流阀来调整压力的，由于系统压力在油泵的出口处较高，所以溢流阀设在油泵出油口侧的旁通油路上，油泵排出的油液到达 *A* 点后，一路去系统，另一路去溢流阀，这两路是并联的，当系统的负载增大、油压升高并超过溢流阀的调定压力时，溢流阀开启回油，直至油压下降到调定值时为止。该回路对整个系统起安全保护作用。

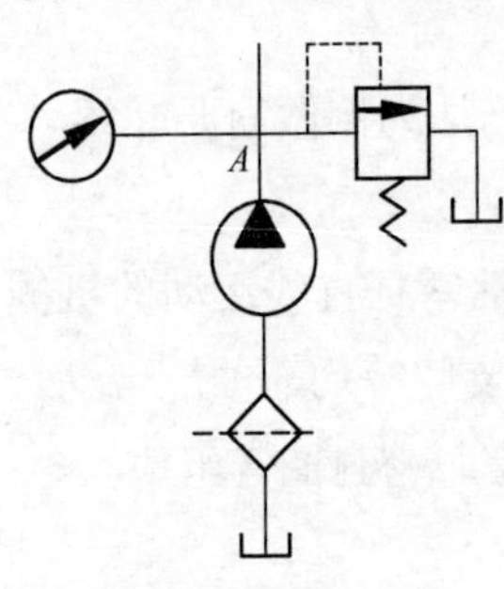

图 3-3　调压回路

二、卸荷回路

当执行机构暂不工作时，应使油泵输出的油液在极低的压力下流回油箱，减少功率消耗，油泵的这种工况称为卸荷。卸荷的方法很多，起重机上多用换向阀卸荷，图 3-4 是利用滑阀机能的卸荷回路，当执行机构不工作时，三位四通换向阀阀芯处于中间位置，这时进油口 *P* 与回路口 *O* 相通，油液流回油箱卸荷。其中 M 型、H 型、K 型滑阀机都能实现卸荷。

三、限速回路

限速回路也称为平衡回路，起重机的起升马达、变幅油缸及伸缩油缸在下降过程中，由于载荷与自重的重力作用，有产生超速的趋势，运用限速回路可以可靠地控制其下降速度。常见的限速回路如图 3-5 所示。

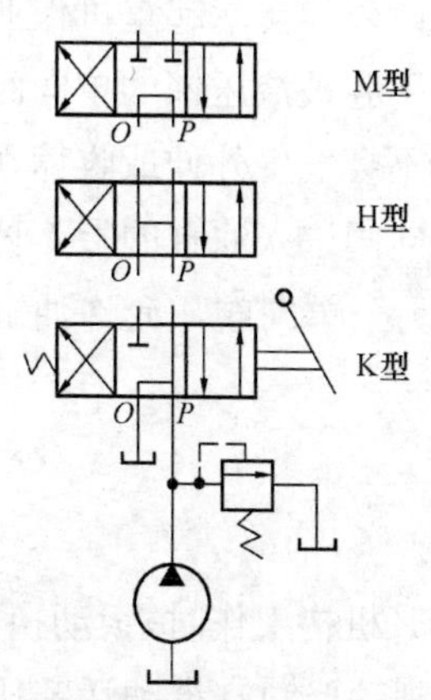

图 3-4　利用滑阀机能的卸荷回路

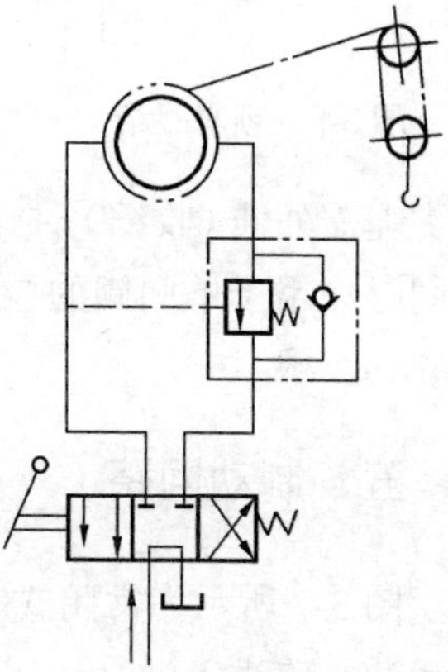

图 3-5　常见的限速回路

当吊钩起升时，压力油经右侧平衡阀的单向阀通过，油路畅通，当吊钩下降时，左侧通油，但右侧平衡阀回油通路封闭，马达不能转动，只有当左侧进油压力达到开启压力，通过控制油路打开平衡阀芯形成回油通路时，马达才能转动使物体下降，如在重力作用下马达发生超速运转，则造成进油路不足，油压降低，使平衡阀芯开口关小，回油阻力增大，从而限定重物的下降速度。

四、锁紧回路

起重机执行机构经常需要在某个位置保持不动，如支腿、变幅与伸缩油缸等，这样必须把执行元件的进口油路可靠地锁紧，否则便会发生“坠臂”或“软腿”危险，除用平衡阀锁紧外，还

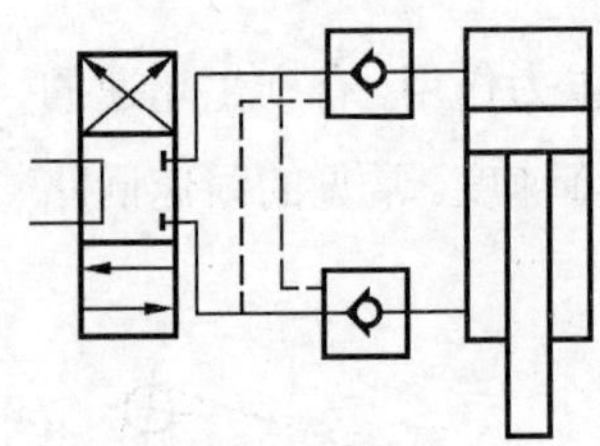

图 3-6 锁紧回路

有液控单向阀锁紧，它用于起重机支腿回路中，锁紧回路如图 3-6 所示。

当换向阀处于中间位置，即支腿处于收缩状态或外伸支承起重机作业状态时，油缸上下腔被液压锁的单向阀封闭紧缩，支腿不会发生外伸或收缩现象，当支腿需外伸（收缩）时，液压油经单向阀进入油缸的上（下）腔，并同时作用于单向阀的控制活塞打开另一单向阀，允许油缸伸出（缩回）。

五、制动回路

图 3-7 所示为常闭式制动回路，起升机构工作时，扳动换向阀，压力油一路进入油马达，另一路进入制动器油缸推动活塞压缩弹簧实现松闸。

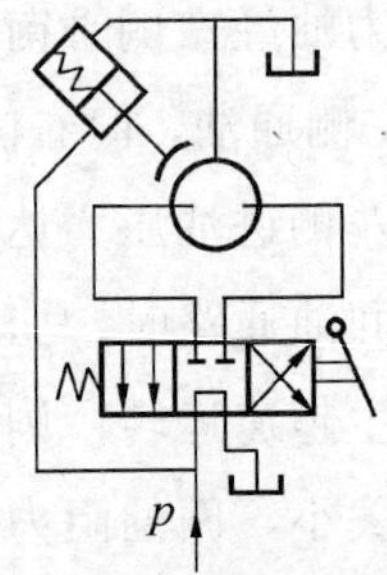

图 3-7 常闭式制动回路

第四章　钢结构基础知识

第一节　钢结构的特点

钢结构是用钢板和型钢作为基本构件，采用焊接、铆接或螺栓连接等方式，按照一定的构造连接起来，承受规定载荷的结构。

与其他材料相比，钢结构有以下特点：

（1）钢结构的强度较高，所以构件的截面较小、自重较轻，便于运输和装拆。

（2）塑性好，钢结构在一般条件下不会因超载而突然断裂；韧性好，钢结构对动力载荷和冲击载荷的适应性强。

（3）钢结构的材质均匀，力学性能接近匀质、各向同性，是理想的弹塑性材料，有较大的弹性模量；用一般工程力学方法计算的结果与结构的实际工作情况很接近，较安全可靠。

（4）钢结构的制造可在专业化的金属结构厂中进行，制作简便，精度高；制作的构件运到现场拼装，装配化作业、效率高、周期短；已建成的钢结构也易于拆卸、更换、加固或改建。因此钢结构制造简便、施工方便、工业化程度高。

（5）钢结构在潮湿和有腐蚀性介质的环境中容易锈蚀，故必须采用防护措施，如除锈、刷油漆、镀锌等。

（6）当温度在 150℃以内时，钢的力学性质变化很小；当温度达到 300℃以上时，强度将迅速下降；当温度达到 500℃以上时，钢结构会瞬时全部崩溃。所以钢结构的耐热性好，但防火性差。

第二节　钢结构的材料

一、钢结构对所用材料的要求

钢结构种类繁多，碳素钢有上百种，合金钢有 300 余种，性能差别很大，符合钢结构要求的钢材很少。用以制造钢结构的钢材称为结构钢，它必须满足下列要求：

（1）抗拉强度 σ_b 和屈服强度 σ_s 较高。钢结构设计把 σ_s 作为强度承载力极限状态的标志。σ_s 高可减轻结构自重，节约钢材和降低造价；σ_b 是钢材抗拉断能力的极限，σ_b 高可增加结构的安全保障。

（2）塑性和韧性好。塑性和韧性好的钢材在静载和动载作用下有足够的应变能力，既可减轻结构脆性破坏的倾向，又能通过较大的塑性变形调整局部应力，使应力得到重新分布，从而提高结构抵抗重复载荷作用的能力。

（3）良好的加工性能。材料应适合冷、热加工，具有良好的可焊性，不致因加工而对结构的强度、塑性和韧性等造成较大的不利影响。

（4）耐久性好。

（5）价格便宜。

此外，根据结构的具体工作条件，有时还要求钢材具有适应低温、高温等环境的能力。

根据上述要求，结合多年的实践经验，《钢结构设计规范》（GB 50017—2017）主要推荐碳素结构钢中的Q235钢，低合金结构钢中的Q345钢（16Mn钢）、Q390钢（15MnV钢）和Q420钢（15MnVN钢）作为结构用钢。

第三节　钢材的种类及选用

一、钢材的种类、钢号

钢材可按不同的条件进行分类。

按化学成分可分为碳素钢和合金钢，其中碳素钢根据含碳量的高低，又可分为低碳钢（C≤0.25%）、中碳钢（0.25%＜C≤0.6%）和高碳钢（C＞0.6%）；合金钢根据合金元素总含量的高低，又可分为低合金钢（合金元素总含量≤5%）、中合金钢（5%＜合金元素总含量≤10%）和高合金钢（合金元素总含量＞10%）。

按材料用途可分为结构钢、工具钢和特殊钢（如不锈钢等）。

按冶炼方法可分为转炉钢和平炉钢。平炉钢质量好，但冶炼时间长、成本高，氧气顶吹转炉钢质量与平炉钢相当而成本则相对较低。

按脱氧方法可分为沸腾钢（F）、半镇静钢（B）、镇静钢（Z）和特殊镇静钢（TZ），镇静钢和特殊镇静钢的代号可以省去。镇静钢脱氧充分，沸腾钢脱氧较差，半镇静钢介于镇静钢和沸腾钢之间。

按成型方法可分为轧制钢（热轧、冷轧）、锻钢和铸钢。

1. 碳素结构钢

按质量等级将钢分为A、B、C、D 4个等级，A级钢只保证抗拉强度、屈服点、伸长率，必要时可附加冷弯试验的要求，化学成分可以不作为交货条件。B 级、C 级和 D 级钢均保证抗拉强度、屈服点、伸长率、冷弯和冲击韧性（分别为 20℃、0℃、-20℃）等机械性能。化学成分对碳、磷、硫的极限含量要求比较严格。

钢的牌号由代表屈服点的字母 Q、屈服点数值、质量等级符号（A、B、C、D）和脱氧方法符号 4 个部分按顺序组成。如 Q195、Q235—A、Q235—B、Q235—C 等。

2. 低合金高强度结构钢

按质量等级将钢分为 A、B、C、D、E 5 个等级，比碳素结构钢增加的一个等级 E 级，主要是要求-40℃的冲击韧性。

钢的牌号采用与碳素结构钢相同的表示方法，分为 Q295、Q345、Q390、Q420、Q460 等。

3. 优质碳素结构钢

优质碳素结构钢以不热处理状态交货。要求热处理状态（退火、正火或高温回火）交货的应在合同中注明。未注明者，则按不热处理状态交货，如用于高强度螺栓的 45 号优质碳素结构钢须经热处理，强度较高，对塑性和韧性又无明显的影响。

二、钢材选用应考虑的因素

选用钢材时应考虑下列因素：

（1）结构的重要性。对重要的结构应选用质量较好的钢材。

（2）载荷情况。载荷分为静载荷和动载荷两种。一般承受静载荷的结构可选用价格较低的 Q235 钢，直接承受动载荷的结构应选用综合性能好的钢材。

（3）连接方法。钢结构的连接方法有焊接和非焊接两种。由于在焊接过程中，会产生焊接变形、焊接应力以及其他焊接缺陷，有导致结构产生裂缝或脆性断裂的危险。因此焊接结构对材质的要求应严格一些。例如，在化学成分方面，焊接结构必须严格控制碳、硫、磷的含量；而非焊接结构对碳含量可降低要求。

（4）结构所处的温度和环境。钢材处于低温时容易冷脆，因此在低温条件下工作的结构，尤其是焊接结构，应选用具有良好抗低温脆断性能的镇静钢。此外，露天结构的钢材容易产生时效，受有害介质作用的钢材容易腐蚀、疲劳和断裂，也应区别地选择不同材质。

（5）钢材厚度。薄钢材辊轧次数多、轧制的压缩比大，厚度大的钢材压缩比小。所以，厚度大的钢材不但强度小，而且塑性、冲击韧性和焊接性能也较差。因此，厚度大的焊接结构应采用材质较好的钢材。

第四节　钢结构的连接类型

钢结构通常由钢板、型钢通过必要的连接组成构件，各构件再通过一定的安装连接而形成整体结构。连接部位应有足够的强度、刚度及塑性。被连接构件间应保持正确的相互位置，以满足传力和使用要求。

钢结构的连接方法可分为焊缝连接、铆钉连接、普通螺栓连接和高强度螺栓连接。

一、焊缝连接

焊缝连接是目前钢结构最主要的连接方法。它的优点是不削弱焊件的截面，连接的刚性好、构造简单、便于制造，并且可以采用自动化操作。它的缺点是会产生残余应力和残余变形，连接的塑性和韧性较差。

二、铆钉连接

铆钉连接的优点是塑性和韧性较好、传力可靠、质量易于检查，适用于直接承受动载结构的连接，如铁路桥梁。缺点是构造复杂，用钢量多，目前已很少采用。

三、普通螺栓连接

普通螺栓连接的优点是施工简单、拆卸方便；缺点是用钢量多，适用于安装连接和需要经常拆卸的结构。普通螺栓又分为C级（粗制）螺栓和A级、B级（精制）螺栓。C级螺栓一般用Q235钢制成，螺栓强度级别为4.6级。A级、B级螺栓一般用45号钢和35号钢制成，螺栓强度级别为8.8级。A级和B级的区别只是尺寸不同，其中A级包括$d \leqslant 24$ mm，且$L \leqslant 150$ mm的螺栓；B级包括$d > 24$ mm，且$L > 150$ mm的螺栓，d为螺杆直径，L为螺杆长度。

C级螺栓用圆钢辊轧而成，表面比较粗糙，尺寸不是很精确。C级螺栓的螺孔是一次冲成或不用钻模钻成（称II类孔），孔径比螺栓公称直径（外直径）大1～2 mm。所以在受剪力作用时，剪切变形很大，并且有可能个别螺栓先与孔壁接触，承受超额内力而先遭破坏。但C级螺栓制造方便，又易于装拆，因此，它适宜于沿轴方向受拉的连接以及临时固定结构用的安装连接等，如在连接中有较大剪力作用，则可另用支托来承受剪力。C级螺栓也可用于承受静载荷的次要连接和间接承受动载荷的次要连接中，对于承受动载荷的连接，应使用双螺母或其他防止螺母松动的措施。

A 级、B 级螺栓一般为车制而成，表面光滑，尺寸较精确。螺孔用钻模钻成或扩钻而成（称 I 类孔）。螺杆的直径和孔径间隙只容许 0.2～0.3 mm。安装时须轻击入孔，可承受剪力和拉力。但是 A 级、B 级螺栓的制造和安装都比较费工，价格昂贵，故在钢结构中很少采用。

四、高强度螺栓连接

高强度螺栓连接和普通螺栓连接的主要区别是，普通螺栓拧紧螺母时，螺栓产生的预拉力很小，由板面挤压力产生的摩擦力可以忽略不计。普通螺栓抗剪连接时是依靠孔壁承压和螺杆抗剪来传力。高强度螺栓除了其材料强度高之外，施工时还给螺杆施加很大的预应力，使被连接构件的接触面之间产生挤压力，因此板面之间垂直于螺杆方向受剪时有很大的摩擦力。依靠接触面间的摩擦力来阻止其相互滑移，以达到传递外力的目的。高强度螺栓抗剪连接，分为摩擦型连接和承压型连接。

1. 高强度螺栓摩擦型连接

高强度螺栓摩擦型连接只利用摩擦传力这一工作阶段，具有连接紧密、受力良好、耐疲劳、可拆换、安装简单以及动载荷作用下不易松动等优点，在钢结构中得到广泛应用。

2. 高强度螺栓承压型连接

高强度螺栓承压型连接，起初由摩擦传力，后来则依靠螺杆抗剪和承压传力，其承载能力比摩擦型连接高，可以节约钢材，也具有连接紧密、可拆换、安装简单等优点。但这种连接的剪切形变较大，不能直接用于承受动载荷的结构。

第五章　起重吊装及手势信号

第一节　起重吊点的选择及物体的绑扎

一、物体的稳定

起重吊运作业中，物体的稳定应从两个方面考虑，一是物体吊运过程中，应有可靠的稳定性；二是物体放置时保证有可靠的稳定性。

吊运物体时，为防止提升，运输中发生翻转、摆动、倾斜，应当使吊点与被吊物体重心在同一条铅垂线上，如图 5-1 所示。

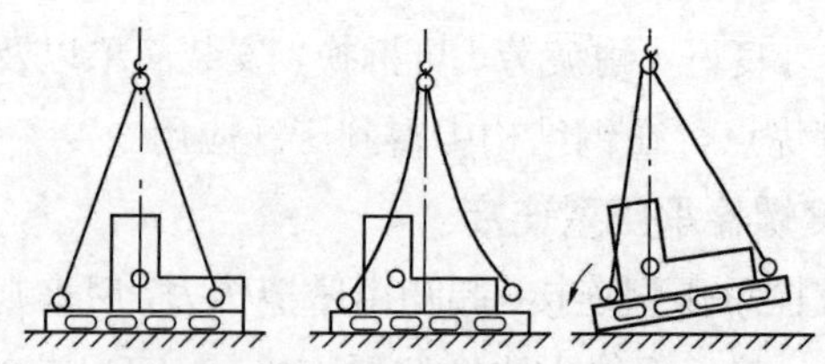

图 5-1　吊钩的吊点应与被吊重物重心在同一条铅垂线上

放置物体时存在支承面的平衡稳定问题。我们先来看一下长方形物体竖放时，不同位置上的不同结果，长方体的四种位置如图 5-2 所示。

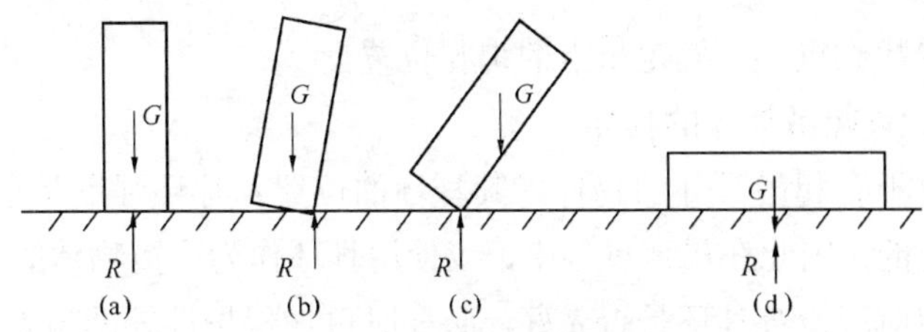

图 5-2 长方形的四种位置

长方形物体在位置（a）时，重力 G 作用线通过物体重心与支反力 R 处于平衡状态；在位置（b）时，在 F 力的作用下，稍有倾斜，但重力 G 的作用线未超过支承面，此时三个力形成平衡状态，如果去掉 F 力，物体就会恢复到原来位置；当物体倾斜到重力 G 作用线超过支承边缘支反力 R 时，即使不再施加 F 力，物体也会在重力 G 与 R 形成的力矩作用下翻倒，即失稳状态，如（c）位置。由此可见，要使原来处于稳定平衡状态的物体，在重力作用下翻倒，必须使物体的重力作用线超出支承面；如果将物体改为平放，如位置（d），其重心降低了很多，再使其翻倒就不容易了，这说明立放的物体重心高，支承面小，其稳定性差；而平放的物体重心低，支承面大，稳定性好。因此，在司索吊运工作中，应观察了解物体的形状和重心位置，提高物体放置的稳定性。

二、物体吊点选择

在吊运各种物体时，为避免物体的倾斜、翻倒、变形损坏，应根据物体的形状特点、重心位置，正确选择起吊点，使物体在吊运过程中有足够的稳定性，以免发生事故。

1. 试吊法选择吊点

在一般吊装工作中，多数起重作业并不需用计算法来准确计算物体的重心位置，而是估计物体重心位置，采用低位试吊的方法来逐步找到重心，确定吊点的绑扎位置。

2. 有起吊耳环的物体

对于有起吊耳环的物件，其耳环的位置及耳环强度是经过计算确定的，因此在吊装过程中，应使用耳环作为连接物体的吊点。在吊装前应检查耳环是否完好，必要时可加保护性辅助吊索。

3. 长方形物体吊点的选择

对于长方形物体，若采用竖吊，则吊点应在重心之上。

用一个吊点时，吊点位置应在距离起吊端 0.3 l（l 为物体长度）处，起吊时，吊钩应向长方形物体下支承点方向移除，以保持吊点垂直，避免形成拖拽，产生碰撞，如图 5-3（a）所示。

如采用两个吊点时，吊点距物体两端的距离为 0.2 l 处，如图 5-3（b）所示。

采用 3 个吊点时，其中两端的吊点距两端的距离为 0.13 l，而中间吊点的位置应在物体中心，如图 5-3（c）所示。

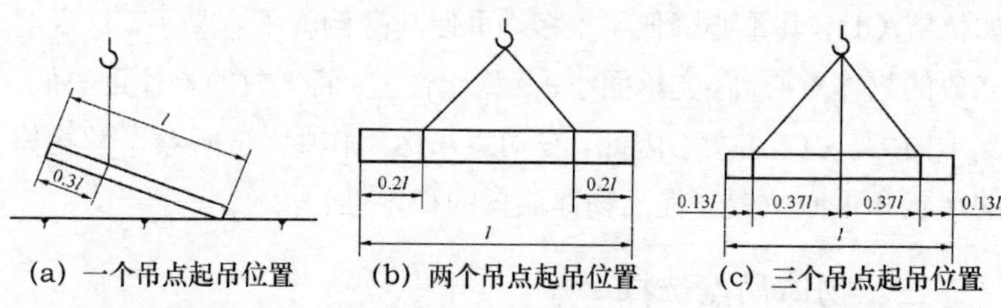

（a）一个吊点起吊位置　（b）两个吊点起吊位置　（c）三个吊点起吊位置

图 5-3　长方形物体吊点

在吊运长形刚性物体时（如预制构件）应注意，由于物体变形小或允许变形小，采用多吊点时，必须使各吊索受力尽可能均匀，避免发生物体和吊索的损坏。

4. 方形物体吊点的选择

吊装方形物体一般采用 4 个吊点，4 个吊点位置应选择在四边对称位置上。

5. 机械设备安装平衡辅助吊点

在机械设备安装精度要求较高时，为了保证安全顺利的装配，可采用辅助吊点配合简易吊具调节机件所需位置的吊装法。通常采用环链手拉葫芦来调节机体的位置，如图 5-4 所示。

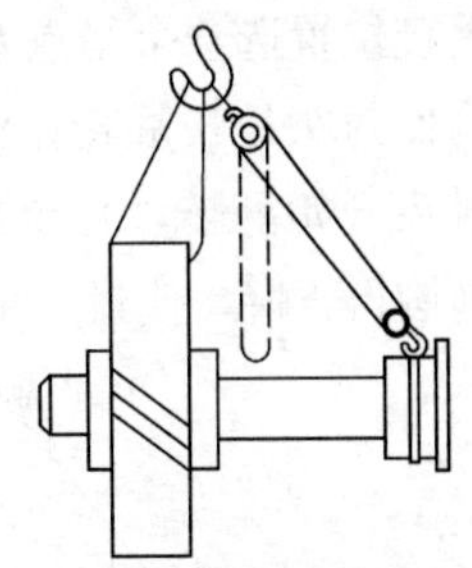

图 5-4　调节吊装法

6. 物体翻转吊运的选择

物体翻转常见的方法有兜翻，将吊点选择在物体重心之下，如图 5-5（a）所示，或将吊点选择在物体重心一侧，如图 5-5（b）所示。

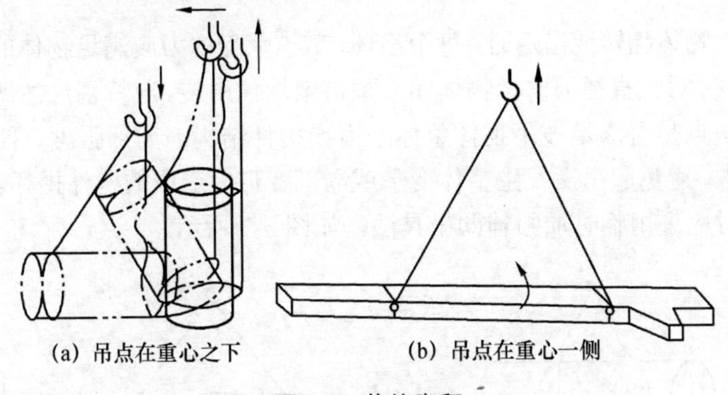

(a) 吊点在重心之下　　(b) 吊点在重心一侧

图 5-5　物体兜翻

物体兜翻时应根据需要加护绳，护绳的长度应略长于物体不稳定状态时的长度，同时应指挥吊车，使吊钩顺翻倒方向移动，避免物体倾倒后的碰撞冲击。

对于大型物体翻转，一般采用绑扎后利用几组滑车或主副钩或两台起重机在空中完成翻转作业。翻转绑扎时，应根据物体的重心位置、形状特点选择吊点，使物体在空中能顺利安全翻转。

例如，用主副钩对大型封头的空中翻转，在略高于封头重心相隔 180° 位置选两个吊装点 *A* 和 *B*，在略低于封头重心与 *A*、*B* 中线垂直位置选一个吊点 C。主钩吊 A、B 两点，副钩吊 C 点，起升主钩使封头处在翻转作业空间内。副钩上升，用改变其重心的方法使封头开始翻转，直至封头重心越过 A、B 点，翻转完成 135° 时，副钩再下降，使封头水平完成 180° 空中翻转作业，如图 5-6 所示。

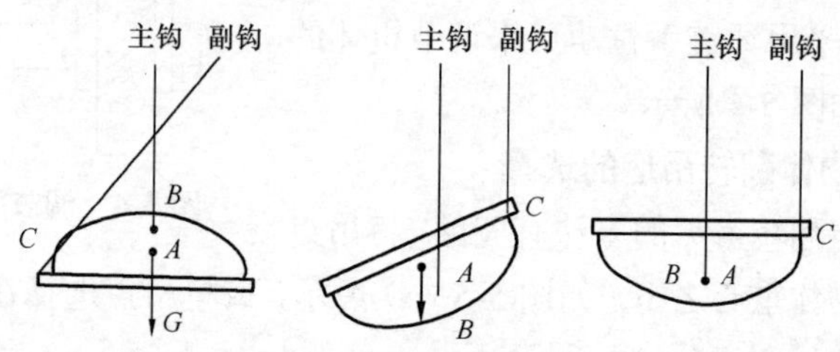

图 5-6　封头翻转 180°

物体翻转或吊运时，每个吊环、节点承受的力应满足物体的总重量。对大直径薄壁型物体和大型桁架构件吊装，应特别注意所选择吊点是否满足被吊物体整体刚度或构件结构的局部强度、刚度要求，避免起吊后发生整体变形或局部变形而造成的构件损坏。必要时应采用临时加固辅助吊具法，如图 5-7 所示。

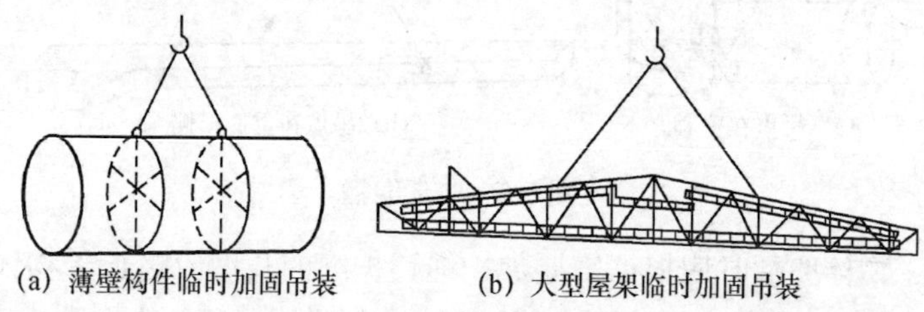

(a) 薄壁构件临时加固吊装　　(b) 大型屋架临时加固吊装

图 5-7　临时加固辅助吊装法

第二节　吊装物体的绑扎方法

为了保证物体在吊装过程中稳妥，吊装之前应根据物体的质量、外形特点、精密程度、安装要求、吊装方案、合理选择绑扎法及吊索具。绑扎的方法很多，应当选择已经规范化的绑扎方法。

一、柱形物体的绑扎方法

1. 平行吊装绑扎法

平行吊装绑扎法一般有两种。一种是用一个吊点，仅用于短小、重量轻的物品。在绑扎前应找准物件的重心，使被吊装的物件处于水平状态，这种方法简便实用，常采用单支吊索穿套结索法吊装作业。根据所吊物件的整体和松散性，选用单圈或双圈穿套结索法，如图 5-8 所示。

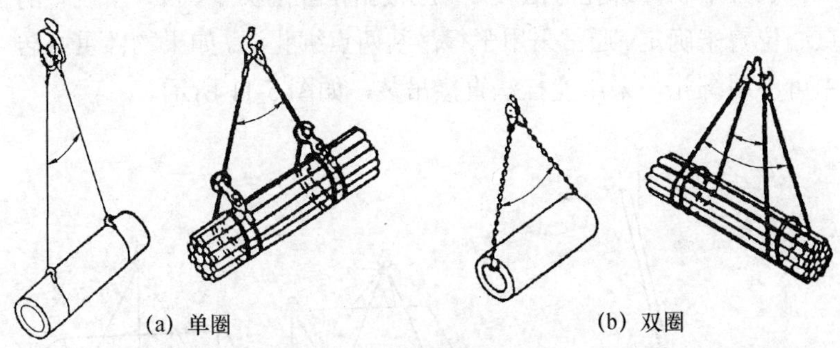

图 5-8　单双圈穿套结索法

另一种是用两个吊点，这种吊装方法是绑扎在物件的两端，常采用双支穿套结索法及吊篮式结索法，如图 5-9 所示。

2. 垂直斜形吊装绑扎法

垂直斜形吊装绑扎法多用于物件外形尺寸较长、对物件安装有特殊要求的场合。其绑扎点多为一点绑法（也可用两点绑扎）。绑扎位置在物体端部，绑扎时应根据物件质量选择吊索和卸扣，并采用双圈或双圈以上穿套结索法，防止物件吊起后发生滑脱，如图 5-10 所示。

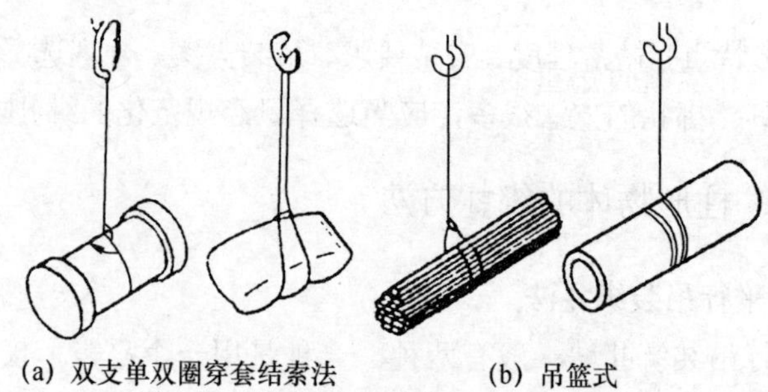

(a) 双支单双圈穿套结索法　　(b) 吊篮式

图 5-9　单双圈穿套及吊篮结索法

二、长方形物体的绑扎方法

长方形物体绑扎方法较多。应根据作业的类型、环境、设备的重心位置来确定。通常采用平行吊装两点绑扎法。如果物件重心居中可不用绑扎，采用兜挂法直接吊装，如图 5-11 所示。

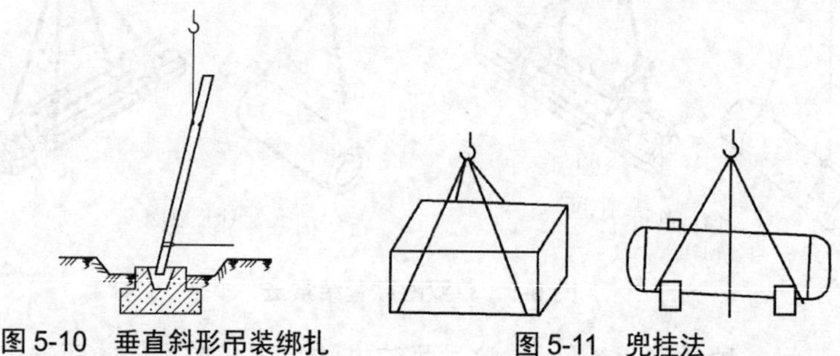

图 5-10　垂直斜形吊装绑扎　　图 5-11　兜挂法

三、绑扎安全要求

（1）用于绑扎的钢丝绳吊索不得用插接、打结或绳卡固定连接的方法缩短或加长。绑扎时锐角处应加防护衬垫，以防钢丝绳损坏。

（2）采用穿套结索法，应选用足够长的吊索，以确保挡套处角度不超过 120°，并且在挡套处不得向下施加损坏吊索的压紧力。

（3）吊索绕过吊重的曲率半径应不小于该绳绳径的2倍。

（4）绑扎吊运大型或薄壁物件时，应采取加固措施。

（5）注意风载荷对物体引起的受力变化。

第三节　预制构件的吊装

在现代建筑中，基本上都是采用钢筋混凝土和钢结构预制构件作为装配式结构工业厂房。需要吊装的构件主要有：柱子、柱间支撑、吊车梁、屋面系统（屋架、天窗架、屋面板及支撑系统等）。

在吊装每一个构件时都有绑扎、起吊和就位、临时加固、校正、最后固定等操作程序。

一、吊装构件操作程序的一般要求

（1）绑扎。绑扎时用绳索和卡具将构件与起重机的吊钩连接起来，以便起吊。绑扎应牢固可靠、绑拆方便，保证构件在起吊过程中不发生永久变形，不断裂，便于安装。

（2）起吊和就位。起吊时将构件吊离地面，就位时将构件吊放到设计位置上。在起吊过程中，应保证构件在空中起落和旋转平稳；就位时应目测或用线锤初步找正构件的垂直度和平整度，并加以临时固定。

（3）临时固定。是为了提高吊装效率，及时卸去吊钩，吊装下一个构件而采取的临时加固措施。临时固定应保证构件在校正过程中不倾倒。

（4）校正。是对构件的平面位置、标高、垂直度、平整度等进行校正，使其符合设计和施工规范的要求。

（5）最后固定。构件校正后，应按设计要求将构件加以永久性固定。

二、吊装前的准备工作

为了保证构件的安装质量，吊装前应对所有构件进行全面检查，内容如下。

（1）检查构件的型号、规格、数量是否符合设计要求。

（2）起吊时构件的混凝土强度，一般不低于设计强度等级的 75%；大跨度构件，如屋架，应达到 100%。

（3）检查构件的截面尺寸、预埋件、预留孔和吊环的位置和尺寸是否正确。

（4）检查构件的表面有无裂纹、变形及其他损坏现象，预埋铁件上如粘有砂浆等污物，应事先清理，以免影响构件的拼装和焊接。

（5）检查吊环的位置和固定情况，有无变形和损伤，吊环孔洞能否顺利穿过卡环和钢丝绳等。

（6）检查合格的构件，按计划分批运入施工现场。运输道路应平整坚实、有足够的宽度和转弯半径，使构件和运输车辆能顺利通过。构件运输时支座位置应正确，固定牢靠。

（7）构件进场后应按施工组织场地布置图进行堆放。堆放场地应平整坚实、排水良好，上下垫木应在同一垂线上。堆垛高度，梁一般为 2～3 层，大型屋面板叠层不宜超过 6 块，空心楼板叠层不宜超过 8 块。构件吊环要向上，标志朝外，以便查找和吊挂。

（8）做好构件的弹线和标号及钢筋混凝土杯形基础的准备工作。根据吊装构件的特点，选择好索具、吊具等。

第四节　起重吊运手势信号

在塔式起重机工作现场，操作人员不一定看得到起重物，或者看不清起吊挂钩情况，或者不知道吊运目标和吊运意图，必须按照指挥人员的指令工作。有时可能下面有多人发出指示，但必须只听一人的指挥。为此，起重机司机与指挥人员之间，应当有规定好的信号系统，而且双方都应当熟练掌握和遵守这样的信号系统，只有这样才能准确地配合完成所要完成的起吊作业。

国家标准《起重机　手势信号》（GB/T 5082—2019）于 2020 年 7 月 1 日起执行。该标准替代了《起重吊运指挥信号》（GB/T 5082—1985）。新标准除编辑性修改外主要技术变化为：修改了范围；增加了规范性引用文件；修改了术语和定义；修改了手势信号的要求；删除了司机使用的音响信号；删除了信号的配合应用；删除了对指挥人员和司机的基本要求；删除了管理方面的有关规定。

下面摘录了《起重机　手势信号》（GB/T 5082—2019）正文内容，方便读者学习使用。

“1　范围

本标准规定了用于起重机吊运操作的手势信号。

2　规范性引用文件

下列文件对于本文件的应用是必不可少的。凡是注日期的引用文件，仅注日期的版本适用于本文件。凡是不注日期的引用文件，其最新版本（包括所有的修改单）适用于本文件。

ISO 4306-1 起重机　术语　第 1 部分：总则（Cranes-Vocabulary——Part 1：General）

3 术语和定义

ISO 4306-1 界定的以及下列术语和定义适用于本文件。

3.1

结束指令 cease operation；dogging

卸载后，长久或临时性停止指令。

3.2

回转 slewing；swinging

起重机基座静止，载荷绕轴水平运动。

3.3

运行 travel

起重机的整机（汽车式和轮式）移动。

4 手势信号的要求

4.1 总则

手势信号应符合下列要求：

a）手势信号应合理使用，并被起重机操作人员完全理解；

b）手势信号应清晰、简洁，以防止误解；

c）非特殊的单臂信号可以使用任何一只手臂表示（特殊信号可以用一只左手或右手表示）；

d）指挥人员应遵循以下规定：

1）处于安全位置；

2）应被操作人员清楚看见；

3）便于清晰观察载荷或设备；

e）操作人员接收的手势信号只能由一个人给出，紧急停止信号除外；

f）必要时，信号可以组合使用。

4.2　通用手势信号

4.2.1　操作开始（准备）

手心打开、朝上，水平伸直双臂。如图 1 所示。

4.2.2　停止（正常停止）

单只手臂，手心朝下，从胸前至一侧水平摆动手臂。如图 2 所示。

4.2.3　紧急停止（快速停止）

两只手臂，手心朝下，从胸前至两侧水平摆动手臂。如图 3 所示。

4.2.4　结束指令

胸前紧扣双手。如图 4 所示。

4.2.5　平稳或精确的减速

掌心对扣，环形互搓，如图 5 所示。这个信号发出后应配合发出其他的手势信号。

图1　图2　图3

图4　图5

4.3　垂直运动

4.3.1　指示垂直距离

将伸出的双臂保持在身体正前方，手心上下相对。如图 6 所示。

4.3.2　匀速起升

一只手臂举过头顶，握紧拳头并向上伸出食指，连同前臂小幅地水平划圈。如图 7 所示。

4.3.3　慢速起升

一只手给出起升信号，另外一只手的手心放在它的正上方。如图 8 所示。

4.3.4　匀速下降

向下伸出一只手臂，离身体一段距离，握紧拳头并向下伸出食指，连同前臂小幅地水平划圈。如图 9 所示。

4.3.5　慢速下降

一只手给出下降信号，另外一只手的手心放在它的正下方。如图 10 所示。

图6　图7　图8

图9　图10

4.4　水平运动

4.4.1　指定方向的运行/回转

伸出手臂，指向运行方向，掌心向下。如图 11 所示。

4.4.2　驶离指挥人员

双臂在身体两侧，前臂水平地伸向前方，打开双手，掌心向前，在水平位置和垂直位置之间，重复地上下挥动前臂。如图 12 所示。

4.4.3　驶向指挥人员

双臂在身体两侧，前臂保持在垂直方向，打开双手，掌心向上，重复地上下挥动前臂。如图 13 所示。

4.4.4　两个履带的运行

在运行方向上，两个拳头在身前相互围绕旋转，向前如图 14a）所示，或向后，如图 14b）所示。

4.4.5　单个履带的运行

举起一个拳头，指示一侧的履带紧锁。在身体前方垂直地旋转另外一只手的拳头，指示另外一侧的履带运行。如图 15 所示。

4.4.6　指示水平距离

在身前水平伸出双臂，掌心相对。如图 16 所示。

4.4.7　翻转（通过两个起重机或两个吊钩）

水平、平行地向前伸出两只手臂，按翻转方向旋转 90°。如图 17a）和图 17b）所示。

注：足够的安全余量是每台起重机或吊钩能够承受瞬时偏载的保证。

图11

图12

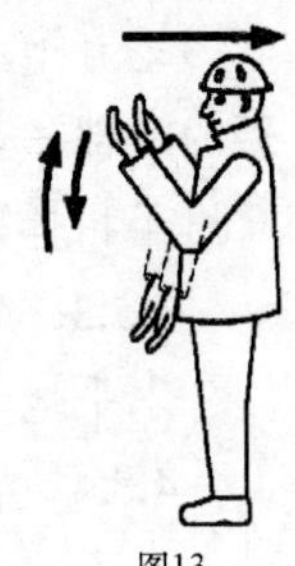

图13

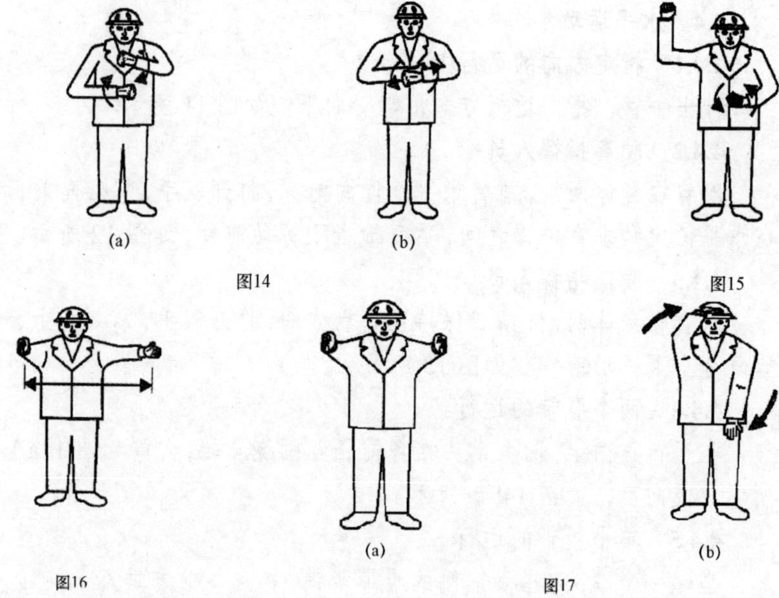

图14 图15

图16 图17

4.5 相关部件的运行

4.5.1 主起升机构

保持一只手在头顶，另一只手在身体一侧，如图 18 所示。在这个信号发出之后，任何其他手势信号只用于指挥主起机构，当起重机具有两套或以上主起升机构时，指挥人员可通过手指指示的方式来明确数量。

4.5.2 副起升机构

垂直地举起一只手的前臂，握紧拳头，另外一只手托于这只手臂的肘部，如图 19 所示。在这个信号发出后，任何其他手势信号只用于指挥副起升机构。

4.5.3 臂架起升

水平地伸出手臂，并向上竖起拇指。如图 20 所示。

4.5.4 臂架下降

水平地伸出手臂，并向下伸出拇指。如图 21 所示。

4.5.5　臂架外伸或小车向外运行

伸出两只紧握拳头的双手在身前，伸出拇指，指向相背。如图 22 所示。

4.5.6　臂架收回或小车向内运行

伸出两只紧握拳头的双手在身前，伸出拇指，指向相对。如图 23 所示。

4.5.7　载荷下降时臂架起升

水平地伸出一只手臂，并向上竖起拇指。向下伸出另一只手臂，离身体一段距离，连同前臂小幅地水平划圈。如图 24 所示。

4.5.8　载荷起升时臂架下降

水平地伸出一只手臂，并向下伸出拇指。另一只手臂举过头顶，握紧拳头并向上伸出食指，连同前臂小幅地水平划圈。如图 25 所示。

图18　图19　图20

图21　图22　图23

图24　图25

附　录　A

（资料性附录）

起重吊具的控制

起重吊具的手势信号可用于指示吊具的特殊功能。以下是抓斗开闭的手势信号：

a）抓斗张开：双臂与肩平齐伸直，掌心向下。如图 A.1 所示。

b）抓斗关闭：手臂在身体正前方成一环形，十指平行相对。如图 A.2 所示。”

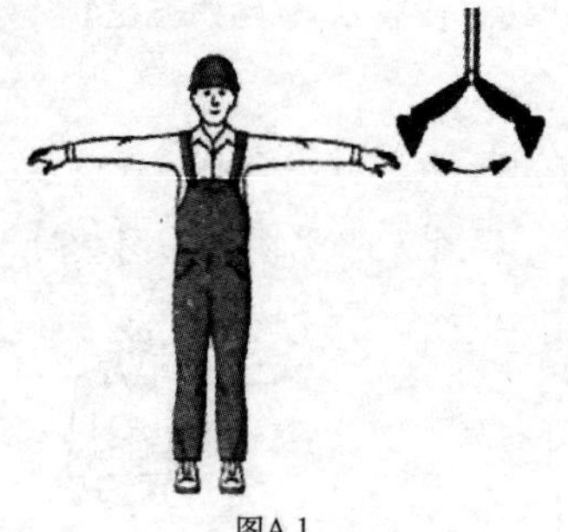

图A.1

图A.2

专业技术篇

第六章　塔式起重机结构原理

第一节　塔式起重机的构造、分类及性能参数

一、塔式起重机的构成及作用

塔式起重机由工作机构、钢结构与动力装置和控制系统组成。

1. 塔式起重机的工作机构

塔式起重机的工作机构通常是由起升机构、变幅机构、回转机构、液压顶升机构、行走机构组成。

起升机构实现重物的垂直上、下运动；变幅机构和回转机构实现重物在两个水平方向的移动；液压顶升机构实现标准节的增加或减少，从而升高或降低塔身；行走机构实现重物在塔式起重机力所能及的范围内任意空间运动。

2. 塔式起重机的钢结构

塔式起重机的钢结构主要是由底架、塔身、套架、上下支座、起重臂、平衡臂、塔顶等主要构件组成。

钢结构是塔式起重机的骨架，它承受起重机的自重以及作业时的各种外载荷。组成起重机钢结构的构件较多，其重量通常占整机重量的一半以上，耗钢量大。因此，塔式起重机钢结构的合理设计，

对起重机减轻自重，提高性能，扩大功用和节省钢材都有重要意义。

3. 动力装置和控制系统

动力装置是起重机的动力源，塔式起重机的动力源是使用外接电源的电动机。控制系统包括操纵装置和安全装置。塔式起重机的操纵装置由联动控制台、配电箱、电阻器箱等组成，安全装置主要由高度限位器、幅度限位器、起重量限制器、力矩限制器、回转限位器等组成。

通过控制系统可改变起重机的运动特性，以实现各机构的启动、调速、改向、制动和停止，从而达到起重机作业所要求的各种动作。

二、塔式起重机分类

按照《塔式起重机》（GB/T 5031—2019），塔式起重机分类如下：

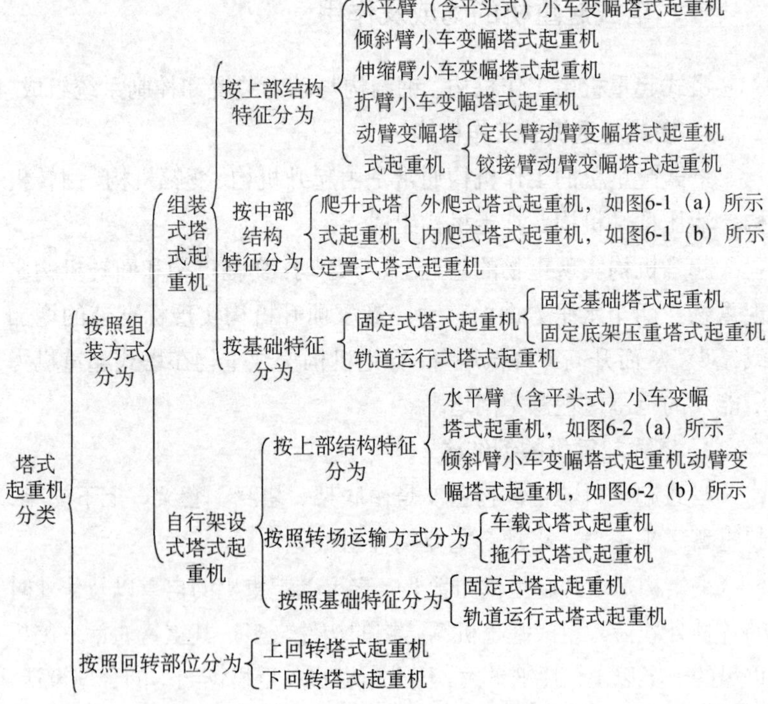

在建筑施工工地最常用的是组装式固定基础、上回转、外爬式（又称外附着式）、爬升式（又称自升式）、水平臂小车变幅塔式起重机，简称自升式（爬升式）小车变幅塔式起重机。

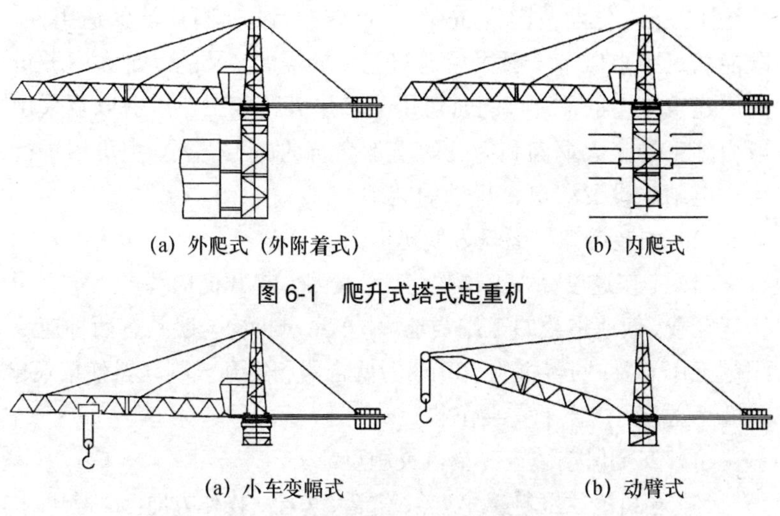

(a) 外爬式（外附着式）　(b) 内爬式

图 6-1　爬升式塔式起重机

(a) 小车变幅式　(b) 动臂式

图 6-2　塔式起重机上部结构特征

三、自升（爬升）式塔式起重机工作基本原理

塔式起重机是一种起重运送重物的机械，它的工作基本原理是通过起升机构、变幅机构、回转机构的作用实现重物从某一位置运动到空间任一位置。通过液压顶升机构实现标准节的增加或减少；通过行走机构进一步扩大塔式起重机在空间的作用范围。图 6-3 为组装式固定基础、上回转、外爬式、爬升

图 6-3　自升式塔式起重机

式、水平臂小车变幅塔式起重机，简称自升式小车变幅塔式起重机。

它的主要特点如下：

（1）起升高度和工作幅度较大。QTZ63 塔式起重机附着高度可达 120 m，作业范围为 360° 全回转。因此具有广泛的适用性，既能满足中小城市一般民用建筑施工的需要，又能满足大中城市高层建筑施工的需要，同时可用于多层大跨度工业厂房以及采用滑模施工的高大烟囱和筒仓等塔形建筑的施工需要，也可用于桥梁、电站建设及港口、货场的装卸。

（2）安装拆卸、运输方便迅速。

（3）工作速度高，工作平稳、效率高。起升机构基本上实现了高速轻载、低速重载的工作要求；小车牵引机构一般具有两种速度满足工作需要；回转机构设有液力偶合器和常开式制动器使塔式起重机就位准确，便于安装作业。

（4）安全保护装置齐全，灵敏可靠。

（5）司机室独立侧置，宽敞、舒适、安全、操作方便，视野开阔。

四、塔式起重机型号的编制及主要性能参数

1. 塔式起重机型号编制方法

（1）塔式起重机型号编制方式之一：根据《土方机械　产品型号编制方法》（JB/T 9725—2014）的规定，塔式起重机的型号识别，如图 6-4 所示。

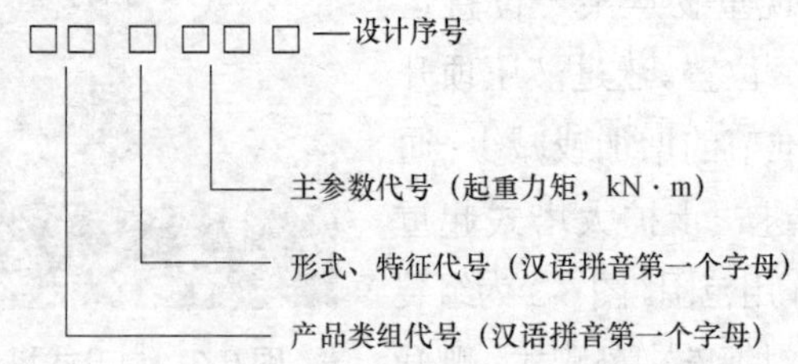

图 6-4　塔式起重机型号标识

塔式起重机型号为QT，其中“Q”代表“起重机”，“T”代表“塔式”；“K”代表快装式，“Z”代表自升式，“G”代表固定式，“X”代表下回转式等。均以汉语拼音的第一个字母代表，塔式起重机型号标识方法，见表6-1。

表6-1　塔式起重机型号标识方法

型号标识	型号解释
QTZ 63	代表起重力矩630 kN·m的自升式塔式起重机
QTZ80	代表起重力矩800 kN·m的自升式塔式起重机
QTK40	代表起重力矩400 kN·m的快装式塔式起重机
QTZ80B	代表起重力矩800 kN·m的自升式塔式起重机，第二次改装型设计

我国起重机的型号编制一般是以额定力矩为主要参数来进行定义的，譬如QTZ80，其中QTZ代表自升式塔式起重机，80为公称起重力矩 800 kN·m（基本臂和相应额定起重量的乘积）除以10。塔式起重机说明书一般也是以QTZ63—5613、QTZ80—6010为标识，如 QTZ63—5613，其意义为 QTZ 是指自升式塔式起重机，Q是起重量，T是塔式，Z是自升式，合起来就是自升式塔式起重机。63是力矩，单位是t·m，就是力矩为630 kN·m，5613前两位数字是起重臂的长度，后两位数字是最大长度的最大起重量，就是臂长56 m，在56 m处最大起重量为1.3 t。

（2）塔式起重机型号编制方式之二：第二种编制方式源于两个方面的因素，其一，以上型号编制方法只表明起重力矩，并不能清楚表示一台塔式起重机到底工作最大幅度是多大，在最大幅度处能吊多重。而这个数据更能明确表达一台塔式起重机的工作能力。其二，受进口塔式起重机的影响，国际市场上有的塔式起重机型号标识方法，是把最大臂长（m）与臂端（最大幅度）处所能吊起的额定重量（kN）两个主要参数作为标记塔式起重机的型号。如QTZ80标识为TC6010、TC5513。虽然这种标记方法与我国的国家标准不相符，但是却很直观地反映了塔式起重机的起重性能。如我国现在一些制造商标记为TC5013，其意义为T——塔的英语第一个字母（Tower），C——起重机的英语第一个字母（Crane），50——最大臂长50 m，13——臂端起重量 13 kN（1.3 t），A——设计序号。TC5013的标识，如图6-5所示。

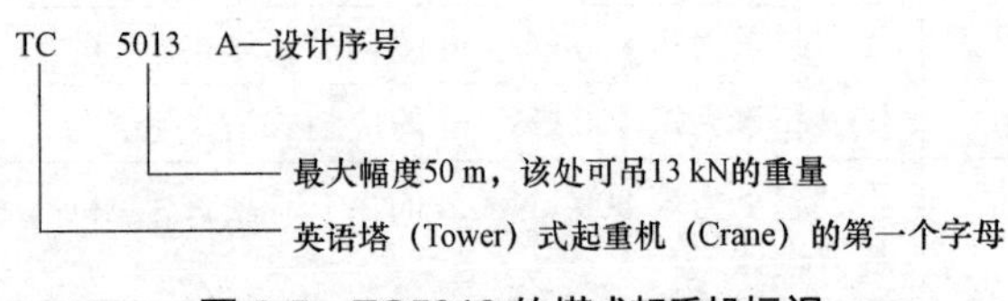

图6-5 TC5013的塔式起重机标识

2. 塔式起重机主要性能参数

（1）幅度 R。塔式起重机的幅度是指起重机旋转中心与吊钩铅垂中心线之间的距离，单位为m。

（2）额定起重量 Q。塔式起重机正常作业时，对应于某一幅度允许起吊物体的最大重量和可从吊钩上取下的吊具的重量之和，称为对应于该幅度的额定起重量。额定起重量与幅度密切相关，对应于不同的幅度有不同的额定起重量。对于臂长不同的同一型号的塔式起重机，在同一幅度下有不同的额定起重量。

（3）起重力矩 M。起重力矩是指塔式起重机基本臂最大工作幅度与相应的起重量的乘积，它是确定、衡量塔式起重机起重能力的最主要的参数。

（4）起升高度 H。起升高度是指吊钩提升到上极限位置时，吊钩钩环中心距地面或轨面的距离，单位为m。

（5）额定起升速度 V。额定起升速度是指起升机构电动机在额定转速下运转时，吊钩的平均上升速度，单位为m/min。

3. 塔式起重机主参数及基本参数系列

塔式起重机的主参数和基本参数系列见表 6-2、表 6-3（仅供参考）。

表 6-2　塔式起重机主参数系列　　单位：kN·m

<table>
<tr><td rowspan="3">公称起重力矩</td><td>100</td><td>160</td><td>200</td><td>250</td><td>315</td><td>400</td></tr>
<tr><td>500</td><td>630</td><td>800</td><td>1 000</td><td>1 250</td><td>1 600</td></tr>
<tr><td>2 000</td><td>2 500</td><td>3 150</td><td>4 000</td><td>5 000</td><td>6 300</td></tr>
</table>

表 6-3　非快装塔式起重机基本参数系列

<table>
<tr><td colspan="2">主参数/（kN·m）</td><td>160</td><td>200</td><td>250</td><td>315</td><td>400</td><td>500</td><td>630</td></tr>
<tr><td colspan="2">基本臂最大幅度/m</td><td>16.0</td><td>20.0</td><td colspan="2">25.0</td><td colspan="2">30.0</td><td>35.0</td></tr>
<tr><td colspan="2">基本臂最大幅度处的额定起重量/t</td><td colspan="3">1.00</td><td>1.26</td><td>1.34</td><td>1.67</td><td>1.80</td></tr>
<tr><td rowspan="2">最大起重量</td><td>水平起重臂</td><td rowspan="2">1.5</td><td rowspan="2">2.0</td><td rowspan="2">2.5</td><td rowspan="2">3.0</td><td colspan="2" rowspan="2">4.0</td><td>5.0</td></tr>
<tr><td>动臂</td><td>6.0</td></tr>
<tr><td colspan="2">起升高度不小于/m</td><td>20.0</td><td>22.0</td><td>25.0</td><td>27.0</td><td>30.0</td><td>35.0</td><td>40.0</td></tr>
<tr><td colspan="2">轨距/m</td><td colspan="2">2.8</td><td colspan="2">3.2</td><td colspan="2">4.0</td><td>4.5</td></tr>
<tr><td colspan="2">主参数/（kN·m）</td><td>800</td><td>1 000</td><td>1 250</td><td>1 600</td><td>2 000</td><td>2 500</td><td>3 150</td></tr>
<tr><td colspan="2">基本臂最大幅度/m</td><td>35.0</td><td colspan="2">40.0</td><td colspan="3">45.0</td><td>50.0</td></tr>
<tr><td colspan="2">基本臂最大幅度处的额定起重量/t</td><td>2.29</td><td>2.50</td><td>3.13</td><td>3.56</td><td>4.40</td><td>5.60</td><td>6.30</td></tr>
<tr><td rowspan="2">最大起重量</td><td>水平起重臂</td><td>6.0</td><td colspan="2">8.0</td><td>10.0</td><td colspan="2">12.0</td><td>16.0</td></tr>
<tr><td>动臂</td><td>8.0</td><td colspan="2">10.0</td><td>12.0</td><td colspan="2">16.0</td><td>20.0</td></tr>
<tr><td colspan="2">起升高度不小于/m</td><td>45.0</td><td colspan="3">50.0</td><td colspan="2">55.0</td><td>60.0</td></tr>
<tr><td colspan="2">轨距/m</td><td colspan="3">5.0</td><td>6.0</td><td colspan="3">6.5</td></tr>
</table>

4. 五种常见的塔式起重机技术性能

五种常见塔式起重机技术性能见表 6-4。

表 6-4　五种常见塔式起重机技术性能

型号		QTZ4508	QTZ5012（QTZ63）	QTZ5510	QTZ5513（QTZ80）	QTZ6015
额定起重力矩/（kN·m）		400	630	630	800	1 000
最大起重量/t		4	6	6	6	8
工作幅度/m		2.5～45	2.5～50	2.5～55	2.5～55	2.5～60
起升高度/m	独立	30	40	45	50	40
	附着	90	120	141	150	120
最大起升速度/（m/min）		65	66	66	80	100
最低稳定下降速度/（m/min）		10	7.3	7.3	9	10
最大幅度额定起重量/t		0.8	1.2	1.0	1.3	1.5
起升速度/（m/min）	a=2	65/44/10	66/33/7.3	80/39/9	100～10（变频）（或100/50/10）	66/33/7.3
	a=4	32.5/22/5	33/16.5/3.6	40/19.5/5	50～5（变频）（或50/25/5）	33/16.5/3.6
变幅速度/（m/min）		36/18	40.5/20	40.5/20	40.5/20	0～53（或50/25）
回转速度/（r/min）		0.66	0.54	0.54（双回转）	0.54	0～0.6（变频）
顶升速度/（m/min）		0.6	0.7	0.7	0.6	0.4
整机自重/t		19.4（独立高）	29.78（独立高）	30.88（独立高）	32.82（独立高）	46.39（独立高）
电机总功率/kW		21.6	36.5	37.2	38.3	69（61）

续表

型号	QTZ4508	QTZ5012（QTZ63）	QTZ5510	QTZ5513（QTZ80）	QTZ6015
平衡重/t	8.8（45 m 臂）	12.5（50 m 臂）	12（55 m 臂）	13.5（55 m 臂）	14（60 m 臂）
工作温度/℃	−20～40	−20～40	−20～40	−20～40	−20～40
工作电压/V	380±5%50 Hz	380±5%50 Hz	380±5%50 Hz	380±5%50 Hz	380±5%50 Hz

第二节　塔式起重机的钢结构和工作机构

一、底架

1. 底架的分类

总的来说，底架可分为固定式和行走式两种。

2. 固定式底架

（1）固定式底架的形式较多，有水母式、十字梁式、锚柱式等。水母式底架是由工字钢焊接成一方形框架，在四角处辐射状安装四条可拆支腿，通过连接螺栓可拆去支腿，以减少运输状态尺寸，如图 6-6 所示；十字梁式底架是由工字钢制成一根长梁、两根半梁，通过连接螺栓连接成一个十字架，如图 6-7 所示；锚柱式底架是由无缝钢管焊接而成的四根内锚和四根外锚组成，结构更加简单，但制作混凝土基础时，四根内锚的安装找平难度较大，如图 6-8 所示。

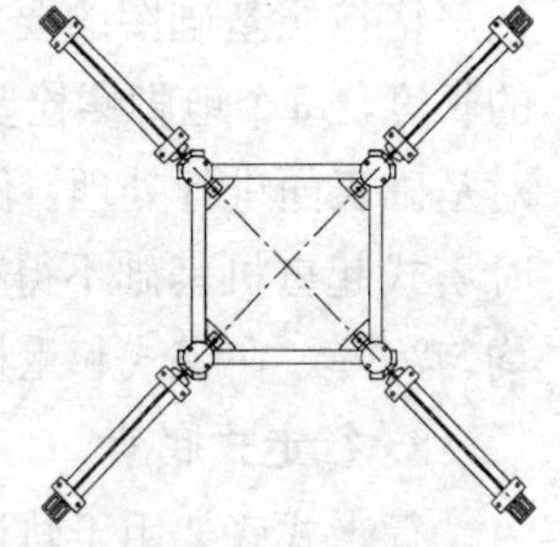

图 6-6　水母式底架

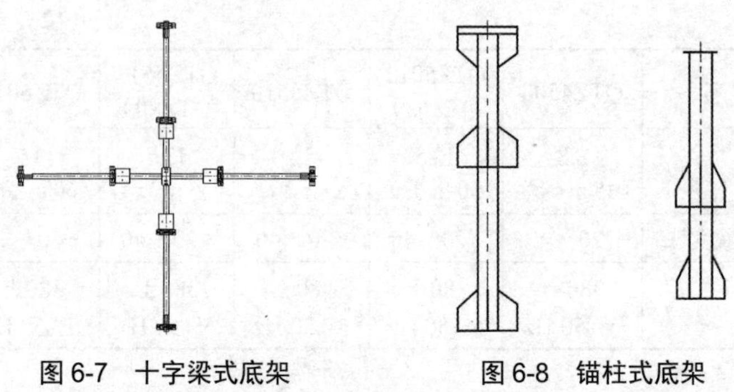

图 6-7　十字梁式底架　　　　图 6-8　锚柱式底架

（2）固定式塔式起重机是安装在专用的混凝土基础上的，预埋的地脚螺栓一端与水母式、十字梁式底架联结；另一端与专用的混凝土基础固接。固定式塔式起重机的地基基础是保证塔式起重机安全使用的必备条件，在安装塔式起重机前应预先按照生产厂家提供的地基图进行混凝土基础的施工。如果地基承载力达不到塔式起重机生产厂家提出的要求时，应采取措施重新设计混凝土基础，并按有关标准进行验算。另外，基础的地脚螺栓尺寸误差必须严格按照基础图的要求施工，地脚螺栓要保持足够的露出地面的长度，每个地脚螺栓要双螺帽预紧，如图 6-9 所示。在安装前要对基础表面进行处理，保证基础的水平度误差不能超过 1/500。同时塔式起重机基础不得有积水，积水会造成塔式起重机基础的不均匀沉降。在塔式起重机基础附近内不得随意挖坑或开沟。

3. 行走式底架

行走式底架用于轨道式塔式起重机，塔式起重机可沿轨道带载行走。

（1）行走式底架的构成。行走式底架一般由基础节、长梁、短梁以及斜撑等组成。长梁、短梁由销轴连接成一个十字架，四周由拉杆相连形成一个方形平面桁架。基础节用销轴固定在十字架上，基础节四周可安放压重块。斜撑杆通过螺栓及销轴分别与基础节、十字架相连。如图 6-10 所示。

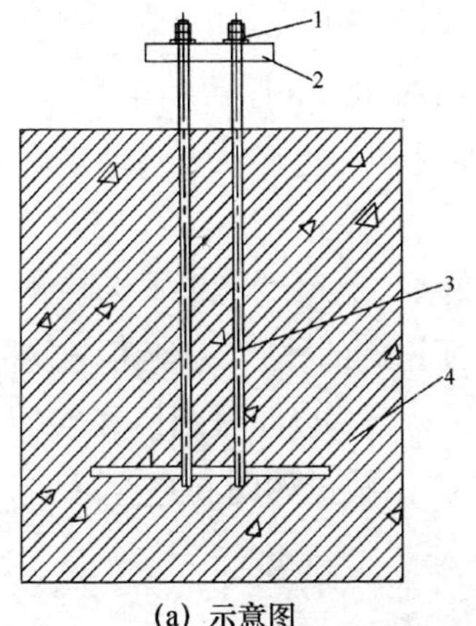

(a) 示意图

(b) 实物图

1—双螺母；2—压板；3—预埋地脚螺栓；4—混凝土基础。

图 6-9 预埋地脚螺栓双螺帽预紧

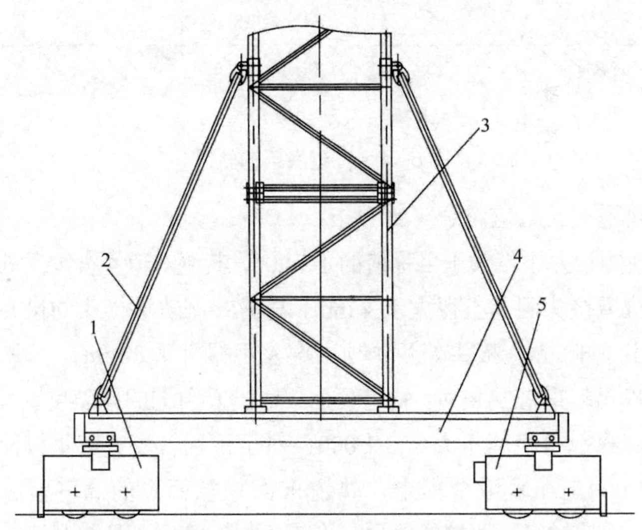

1—被动台车；2—斜撑；3—基础节；4—拉杆；5—主动台车。

图 6-10 行走底架与斜撑

（2）行走式底架的轨道。当塔式起重机用于行走时，在场地上需铺设轨道，以保证正常运行。钢轨一般用 43 kg/m 的重轨，钢轨下面采用基箱或枕木，均匀排列在夯实的约 40 cm 厚的道碴上。在铺设道碴前，场地的土壤必须夯实，路基土壤的承载能力必须大于 10 t/m^2。

在轨道中间或两旁必须挖排水沟放水，免得道路积水影响路基。为了保证两根轨道间的整体性及保证正确的轨距，在两根轨道之间每隔 6 m 设一根拉条。用[12 槽钢做拉条，以防轨距位移，钢轨尽头必须设限位装置，以防塔式起重机出轨，如图 6-11 所示。

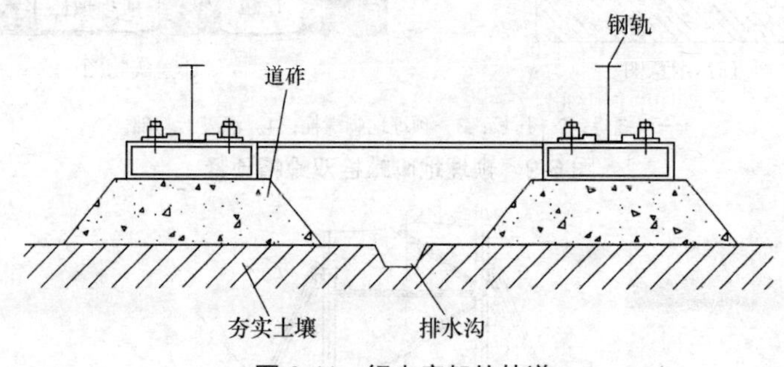

图 6-11　行走底架的轨道

轨道安装后应符合下列要求：

轨距误差不得大于公称值的 1/1 000，其绝对值不得大于 6 mm。

轨道接头间隙不得大于 4 mm，与另一侧轨道接头的错开距离不得小于 1.5 m，接头处两轨顶高度差不得大于 2 mm。

塔式起重机安装后，轨道顶面纵、横方向上的倾斜度，对于上回转塔式起重机应不大于 3/1 000；对于下回转塔式起重机应不大于 5/1 000。在轨道全程中，轨道顶面任意两点的高度差应小于 100 mm。轨道行程两端的轨顶高度应不低于其余部位中最高点的轨顶高度。

二、塔身及斜撑

塔身是塔式起重机最主要的受力构件之一，由标准节通过高强度螺栓连接而成。标准节主弦杆和腹杆常用无缝钢管、角钢或方钢管制作，如图 6-12（a）（b）（c）所示，截面为正方形，沿塔身高度方向做成等截面或变截面结构。通常，自升式塔式起重机做成正方形等截面塔身，快装式塔式起重机做成正方形变截面塔身。整个标准节是一空间桁架结构，其中一侧两根主弦杆上各焊有两个支撑块（踏步），该支撑块在塔身加节或降节时起支撑作用，各标准节内均设有工人上下的爬梯，以及供人休息的平台。为了运输方便，有的生产厂家也将标准节制作成片式结构，如图 6-12（d）所示，运输到工地后，在地面上再通过标准节螺栓螺母将四片连接成一个整体。

(a) 无缝钢管式标准节

(b) 角钢式标准节

(c) 方钢式标准节

(d) 片式标准节

图 6-12　几种常用标准节外形

标准节的腹杆体系将主弦杆连接成空间桁架结构，常用的有以下几种，如图 6-13 所示。

通常标准节套管连接形式有三种：第一种是套管与主弦杆焊接后，端面经过精加工，上、下主弦杆与套管端面同时接触对接。该连接接触面积大，单位面积上的压力小，抵抗水平扭矩的能力强，接点稳定性较好，靠螺栓外径与套管内径定位。第二种是上、下套管之间留有一定间隙，上、下主弦杆端面同时接触对接。在

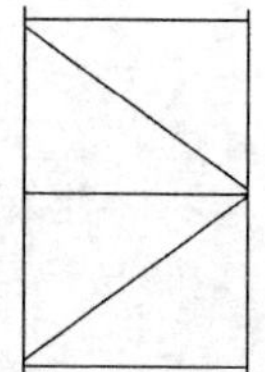
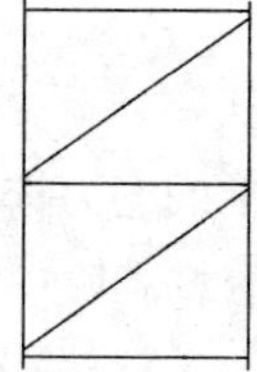
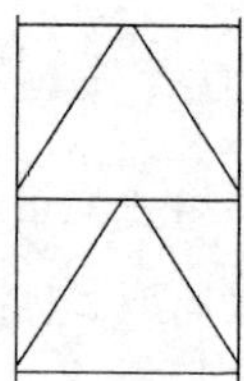

图 6-13　标准节腹杆常用布置形式

标准节上部主弦杆上焊有定位凸台，定位凸台伸入另一标准节主弦杆内，靠相应的配合面定位。定位准确，能有效阻止标准节水平方向的位移，接点稳定性好，该种形式目前采用较多。第三种是上、下套管之间留有一定间隙，上、下主弦杆端面同时接触对接。这种形式抗水平扭矩能力比第一种、第二种相对较差，优点是加工相对容易，所以应用也较多。如图 6-14、图 6-15 所示。

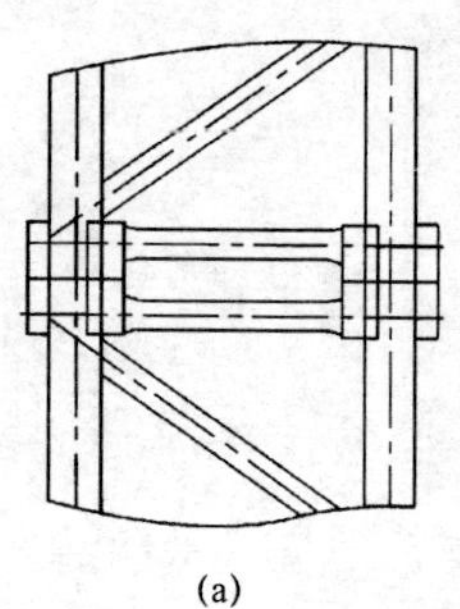

(a)

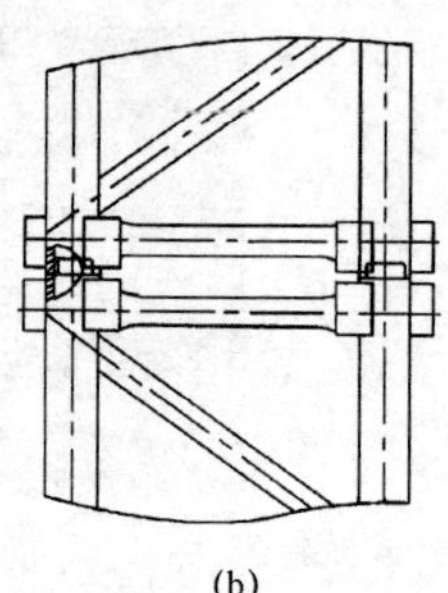

(b)

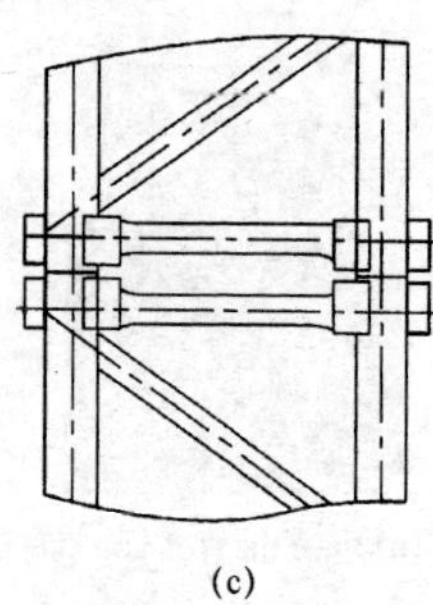

(c)

图 6-14　标准节套管三种连接形式

(a) 无间隙

(b) 有间隙、带凸台

(c) 有间隙、无凸台

图 6-15　标准节套管三种连接形式外形

撑是由角钢拼焊成方管或无缝钢管制成。一端通过销轴与固定式底架相连；另一端通过销轴和抱箍与标准节相连，塔式起重机安装一开始不装斜撑，至一定高度后再装上。斜撑的作用是使塔身底部和底架的连接更为牢靠，同时提高塔身危险断面的位置，以减少塔身的计算长度。

三、套架（爬升装置）

自升式塔式起重机的构造与普通上回转塔式起重机相比，只是增加了一个套架和一套顶升机构。自升式塔式起重机有内爬式和附着式（外爬式）两种。内爬自升式塔式起重机安装在建筑物内部，利用建筑结构来固定和支承塔身；附着自升式塔式起重机安装在建筑物一侧专用的混凝土基础上，通过附着装置与建筑物连成一体，以增加塔身的强度和稳定性。

套架主要由套架结构、上下工作平台及装在套架上的液压顶升机构等组成，顶升（爬升）机构各部的连接如图 6-16 所示。套架套在塔身标准节外部，在套架的 4 根主弦杆上各装有两套导向滚轮，以便套架在标准节上爬升降节时起导向并减少阻力作用；在套架下部的两侧横梁上安装有摆动爬爪，起支承作用；套架后侧装有液压顶升装置的顶升油缸及顶升横梁，液压泵站放置在套架工作平台上，顶升时顶升横梁顶在塔身的支撑块（踏步）上，在油缸的作用下套架连同下支座以上部分沿塔身轴心线上升，油缸顶升两次，可引入一个标准节；套架前侧有一个长方形的窗口，标准节就是通过下支座上装有的引进横梁和引进小车，从长方形的窗口引进的，如图 6-17 所示。

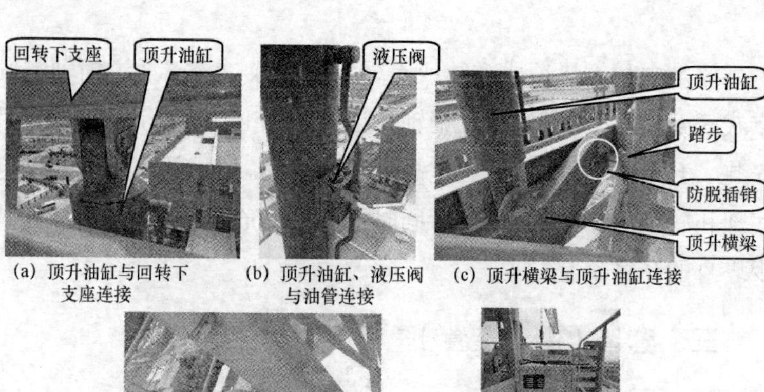

(a) 顶升油缸与回转下支座连接　(b) 顶升油缸、液压阀与油管连接　(c) 顶升横梁与顶升油缸连接

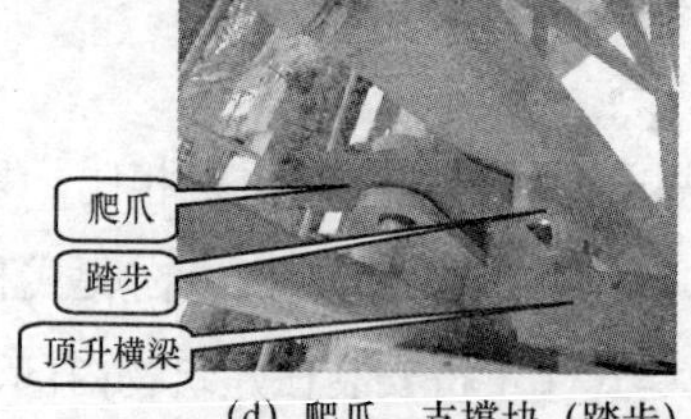

(d) 爬爪、支撑块（踏步）　(e) 液压泵站

图 6-16　顶升机构各部的连接

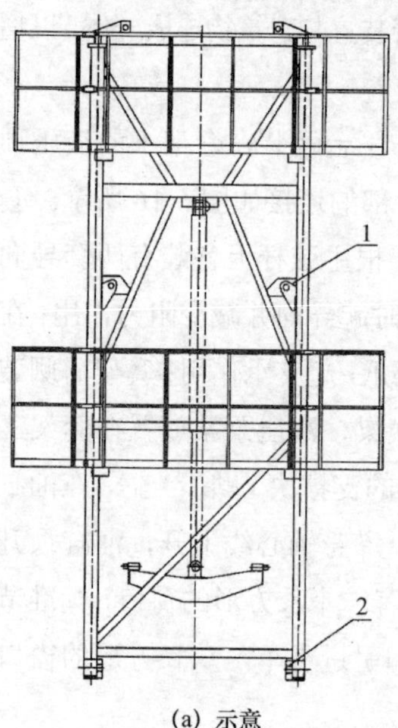

(a) 示意

(b) 实物

1—爬爪；2—导向滚轮。

图 6-17　套架

塔式起重机在顶升加节、安装完毕后，套架通常是通过销轴挂在下支座下面；也有部分套架在顶升加节安装完毕后，将其放至地面。

爬升支撑装置是爬升（自升）式塔式起重机爬升时连接爬升（顶升）液压缸（包括顶升横梁）与塔身踏步（或称支撑块）或爬梯的传力装置。

爬升换步装置是爬升式塔式起重机用于实现爬升液压缸卸载、爬升支撑装置换步的支撑装置（俗称爬爪）。

爬升装置防脱功能是指爬升式塔式起重机爬升支撑装置应有直接作用于其上的预定工作位置锁定装置。在加节、降节作业中，塔式起重机未到达稳定支撑状态（塔式起重机回落到安全状态或被换步支撑装置安全支撑）被人工解除锁定前，即使爬升装置有意外卡阻，爬升支撑装置也不应从支撑处（踏步或爬梯）脱出。

爬升式塔式起重机换步支撑装置（爬爪）工作承载时，应有预定工作位置保持功能或锁定装置（俗称插销）。

对爬升装置的要求：

① 爬升速度宜不大于 0.8 m/min。

② 正常爬升中即使液压缸完全伸出，爬升装置的导向仍应可靠有效。

③ 换步支撑装置应有被锁定或自动停靠在不干涉爬升装置升降运动位置的装置或功能。

四、上支座

上支座是整体箱形结构，由钢板拼焊而成。上部有 4 块耳板，通过销轴与塔顶相连，下部用高强度螺栓与回转支承相连，在上支座一侧垂直地安装有一套回转机构，在它下面的小齿轮准确地与

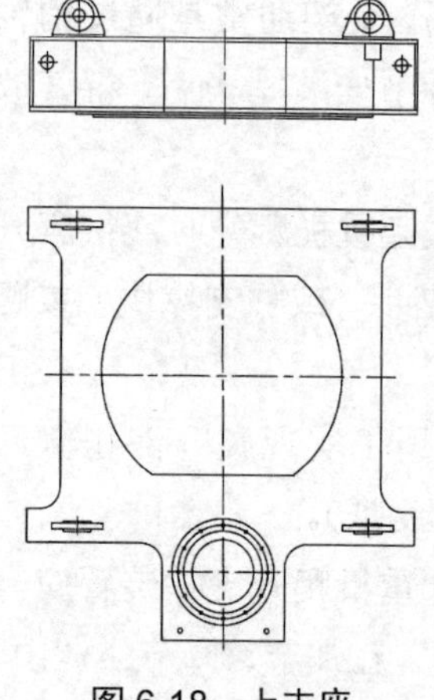

图 6-18　上支座

回转支承外齿啮合。对于 QTZ63 以上的起重机通常采用双回转机构，这样回转时塔身受力均衡，回转平稳。支座上设有平台、方便工作。另一面设有回转限位器，司机室放在上支座另一侧，出入容易，工作安全，如图 6-18 所示。

回转时打反车问题。由于塔式起重机塔身高、起重臂长，起重机在回转时突然反向回转，这时产生的瞬时扭矩特别大，对于塔身这样的细长杆特别危险，所以严禁塔式起重机在回转时打反车，也就是不允许利用打反车来制动。起重臂在一个反向回转时，突然人为地改变方向，使其向另一个方向回转，这叫打反车。

五、下支座

下支座上部用高强度螺栓与回转支承联结，支承上部结构。底部用高强度螺栓与标准节相连接，四角用销轴与套架相连接，下部装有一根引进标准节用的横梁，下支座如图 6-19 所示。

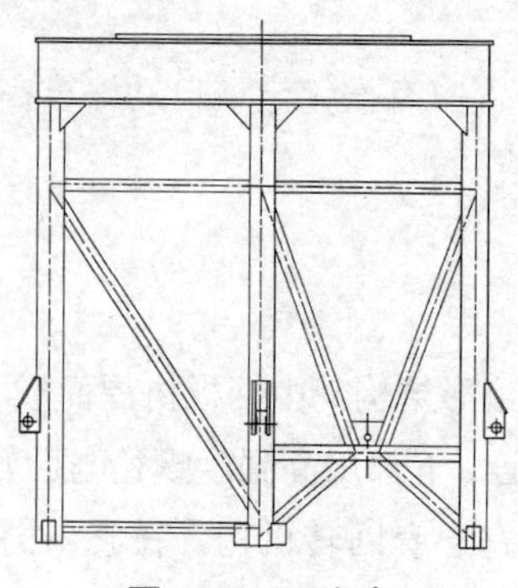

图 6-19　下支座

上下支座、回转支承及回转机构组装如图 6-20 所示。

图 6-20　上下支座、回转支承及回转机构组装

六、起重臂及拉杆

起重臂也称吊臂。小车变幅式起重臂一般采用格构式正三角形截面形式。起重臂的上弦杆为无缝钢管，下弦杆常用两个角钢拼焊成方管，兼作小车的运行轨道，整个臂架为三角形空间桁架结构。腹杆的布置，两个侧面桁架采用三角式体系，水平桁架采用带竖杆的三角式体系，如图 6-21 所示。

为了制造及运输的方便，将整个起重臂划为数个臂架节，节与节之间用销轴联结；为了提高起重机性能，减轻起重臂重量，起重臂采用双吊点，变截面空间桁架结构；通常臂架根部用销轴与上支座相连，并且在起重臂第一节放置小车牵引机构和悬挂吊篮。吊篮是为了便于安装和维修。为了保证起重臂水平，在其余节臂上设有吊点，通过销轴和拉杆与塔顶相连。

起重臂节与节之间的连接通常有两种结构形式，如图 6-22 所示。一种是销轴加轴端安装开口销的结构；另一种是销轴加焊接轴端挡板加安装开口销的结构。

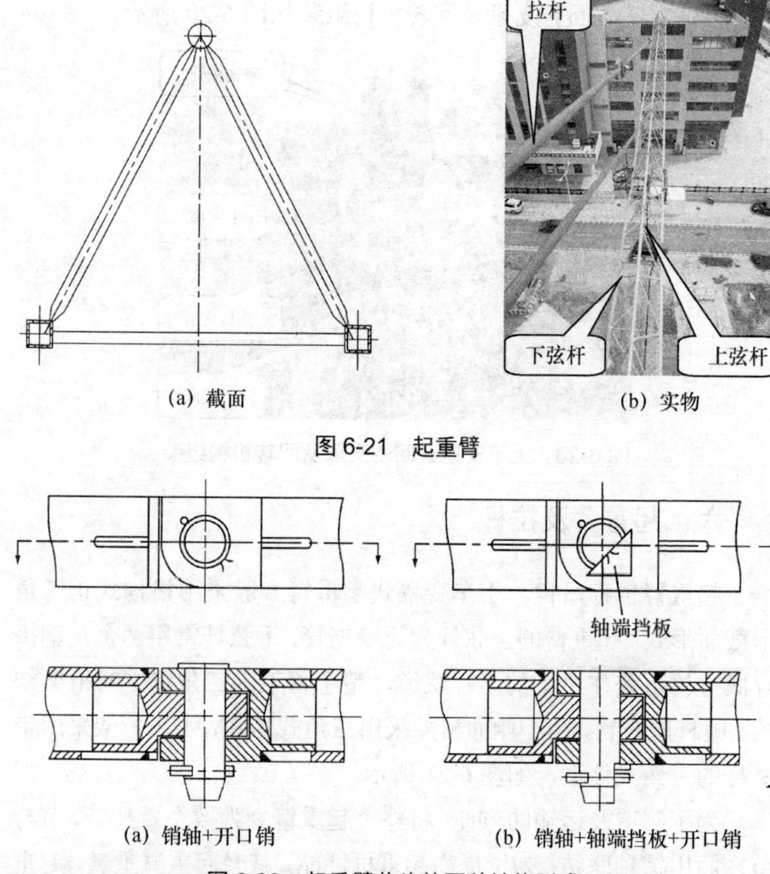

(a) 截面　　(b) 实物

图 6-21　起重臂

(a) 销轴+开口销　　(b) 销轴+轴端挡板+开口销

图 6-22　起重臂节头的两种结构形式

由于起重臂制造成数个臂架节，使用单位必须按出厂所做的标记或标牌顺序组装，切不可互相更换。又由于连接各节起重臂的销轴直径尺寸不同，应注意按相应的配合尺寸对应安装，切不可将小销装入大孔。

起重臂拉杆的结构形式主要有软性拉杆和刚性拉杆两种，目前使用的多数为多节拼装的刚性拉杆。

七、平衡臂及拉杆

平衡臂是由槽钢和角钢拼焊而成的桁架结构，四周有护栏，四面有钢板网作为走道；起升机构和平衡重都放在平衡臂的尾部。根据不同的臂长配备不同的平衡重，平衡重的作用在于改善塔身受力，减少弯矩作用。为了保持平衡臂的水平，在它尾部有两拉板通过销轴和平衡臂拉杆把平衡臂与塔顶相连，平衡臂前端通过销轴与上支座相连。图 6-23 为平衡臂示意图，图 6-24 为平衡臂、塔顶及拉杆实物图。

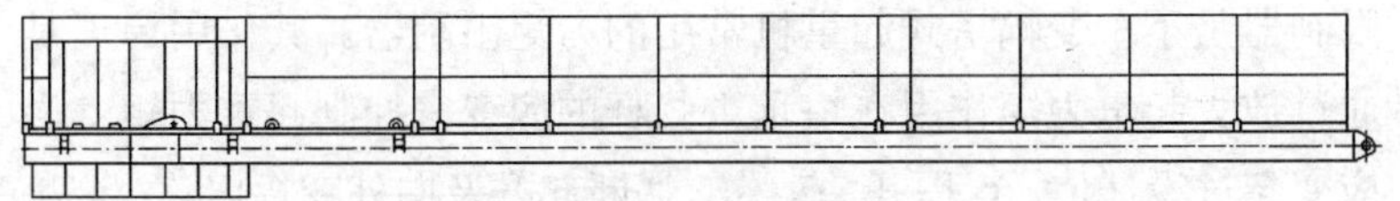

图 6-23　平衡臂

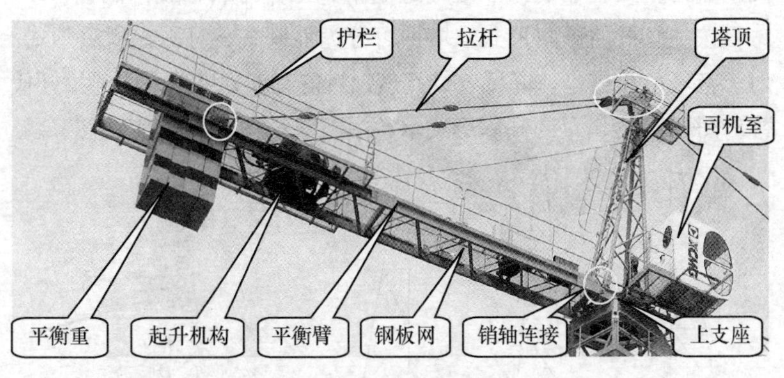

图 6-24　平衡臂、塔顶、拉杆

为了制造及运输的方便，平衡臂的长度通常在超出一定值之后制作成两节，节与节之间用销轴连接。

平衡臂拉杆是由圆钢和耳板焊接制成，各节拉杆间通过销轴相连。

八、塔顶和司机室

1. 塔顶

塔顶是由圆管或角钢组焊成的斜锥体，是一个空间桁架结构。上端通过拉杆使起重臂与平衡臂保持水平，下端用四个销轴与上支座相连。塔顶上一般装有两个滑轮，塔顶最上端的滑轮是为了安装起重臂拉杆用的，另一个滑轮对缠绕起升绳起导向作用。塔顶护栏的作用是为了方便平衡臂拉杆和起重臂拉杆的安装和拆卸。塔顶下端一根主弦杆上安装了一套机械式力矩限制器。机械式力矩限制器是小车变幅塔式起重机常用的力矩限制器。其作用原理是通过放大起重力矩作用在塔顶主弦杆的应变来控制起重力矩，当应变超过设计值，行程开关动作，切断起升及向外变幅电路。这种机械式力矩限制器的特点是构造简单、工作可靠、成本低。

按主弦杆的倾斜形式，塔顶可分为前倾式、对称式和后倾式。为了减轻整机重量，降低安装高度，目前有部分塔顶采用斜撑杆代替，图 6-25 为塔顶的倾斜形式示意图，图 6-26 为塔顶实物图。

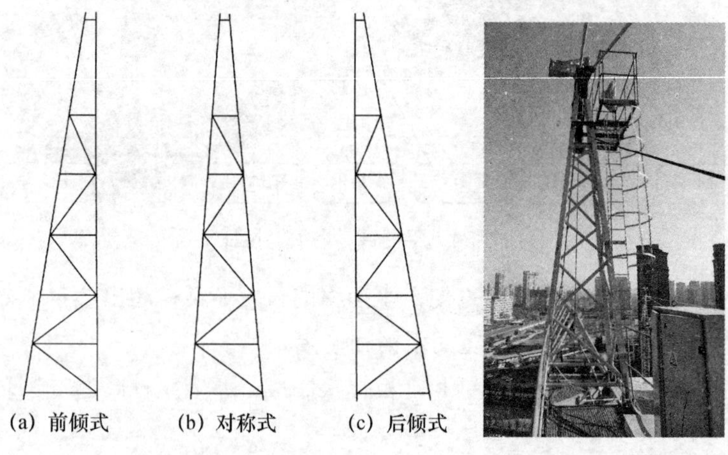

图 6-25　塔顶的倾斜形式

图 6-26　塔顶

2. 司机室

司机室是一个封闭式构件，独立侧置，宽敞、舒适、安全、操作方便，视野开阔。内部安装的联动控制台充分运用了人机工程学的原理，司机可通过联动控制台对各机构进行操纵控制，控制台手柄操作灵活、可靠、定位明显准确，并设有零位自锁装置，以防止误动作；控制台上座椅的高低、前后倾斜都可以调整，并可折叠，便于司机行走畅通。司机室的地板铺设了橡胶板，起绝缘、防滑作用。为了极大地提高舒适度，根据需要可安装铁壳防护式冷暖空调；还可配备监控系统，使司机及时了解起升吊钩的工作状况。塔式起重机工作时司机室内的噪声应不大于 80 dB（A）。

图 6-27 为司机室内景，图 6-28 为司机室，司机室的安装位置如图 6-24 所示。

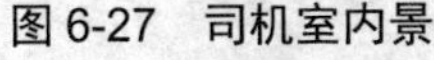
图 6-27　司机室内景

图 6-28　司机室

目前很多塔式起重机使用了太空舱，太空舱的使用可以扩大司机的视野达 40%以上，增加了安全性，更大程度地体现了人性化设计理论。

九、附着装置

当塔式起重机超过它的独立高度时要架设附着装置，以增加塔式起重机的稳定性。附着装置是由三根或四根撑杆和一套环梁等组成，它主要是把塔式起重机固定在建筑物的结构上，起着依附作用，如图 6-29、图 6-30 所示。

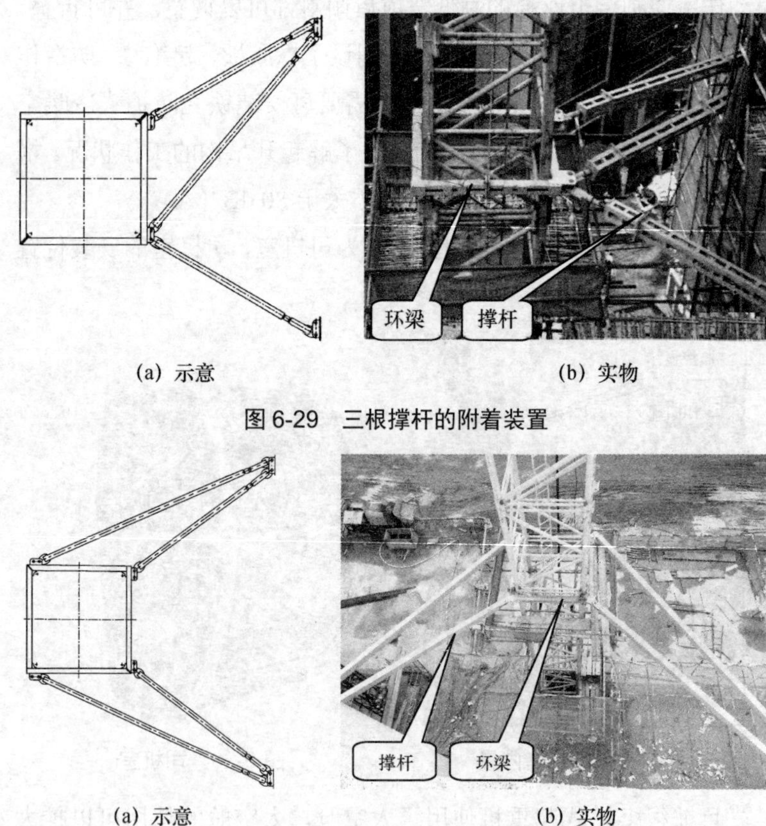

(a) 示意　　(b) 实物

图 6-29　三根撑杆的附着装置

(a) 示意　　(b) 实物

图 6-30　四根撑杆的附着装置

环梁由角钢和钢板焊接而成，使用时环梁套在标准节上，四角用八个调节螺栓通过顶块把标准节顶牢，通过环梁下的四个抱箍使附着架在标准节上定位。环梁通过三根或四根撑杆与建筑物连成一体，撑杆与建筑物的连接点应选在混凝土柱上或混凝土圈梁上。用预埋件或过墙螺栓与建筑物结构有效连接。有些施工单位用膨胀螺栓代替预埋件，或用缆风绳代替附着支撑，这些都是十分危险的。

每根撑杆的长度可调节，各撑杆应保持在同一平面内，调整顶块及撑杆的长度使塔身轴线垂直。一般附着后，附着点以下塔身的垂直度不大于 2/1 000，附着点以上垂直度不大于 4/1 000。

附着装置要按照塔式起重机说明书的要求架设，附着间距和附着点以上的自由高度不能任意超长（具体的附着点允许根据建筑物的实际情况，在 1 m 范围内进行适当的调整）。超长的附着撑杆应另外设计并进行强度和稳定性的验算。

十、顶升机构

目前自升式塔式起重机顶升机构主要有液压顶升式、齿轮齿条顶升式。应用较多的是液压顶升式。

液压顶升机构是用于自升式塔式起重机塔身升高或降低的液压动力系统。通过电动机驱动液压泵，将电能转化成液压能，再经过控制阀驱动液压缸转变为机械能驱动负载，使下支座以上部分与塔身标准节脱开，来完成塔身的升高或降低。

液压顶升机构由电动机、油泵（齿轮泵）、溢流阀、手动换向阀、平衡阀、顶升油缸等组成，如图 6-31 所示。该机构操作方便、工作平稳、安全可靠。由于采用双向回油节流调速系统，能有效地控制下支座以上部分的顶升和回缩速度；在油路中装有液压锁（或限速锁），可保证液压缸工作过程中随时停留在任意位置，不致因瞬间停电或空气开关脱扣时，下支座以上部分自行下滑而发生危险。

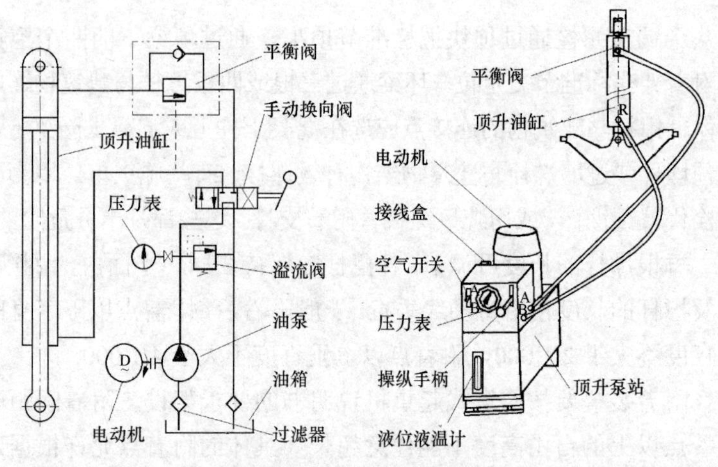

图 6-31　液压顶升机构传动

十一、变幅机构

变幅机构如图 6-32 所示，可分为两种：运行小车式（以下简称小车式）变幅机构和起重臂俯仰摆动式（以下简称动臂式）变幅机构。

小车式变幅机构是利用小车沿起重臂水平移动来实现变幅的。它的优点是安装就位准确、变幅速度快、幅度利用率大，该变幅方式目前应用较广。其钢丝绳的穿绕方法如图 6-32 所示。牵引钢丝绳的一端缠绕固定在卷筒上；另一端固定在小车上，变幅时靠绳的一松一放来保证小车正常工作。

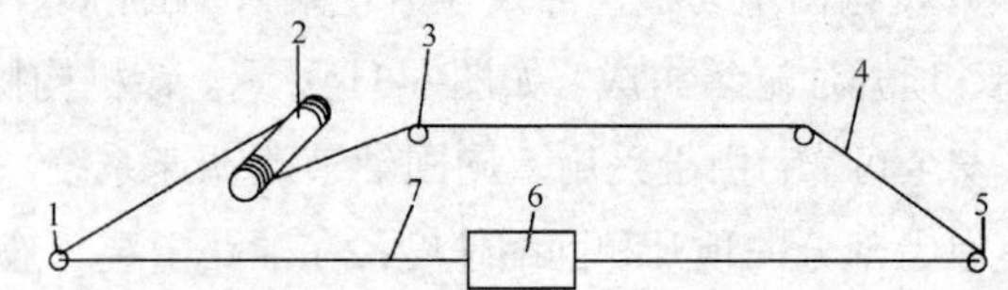

1—起重臂根部导论；2—牵引卷筒；3—起重臂上弦杆导轮；4—牵引绳甲；
5—起重臂端部导轮；6—载重小车；7—牵引绳乙。

图 6-32　变幅机构

动臂式变幅机构是利用起重臂俯仰摆动来实现变幅的。它的优点是在建筑群的施工中不容易产生死角，拆装比较方便。它的缺点是幅度利用率低。

按照所用电机及减速机的不同，目前变幅机构大体可分为以下几类：

（1）双速鼠笼电机加蜗轮减速机的变幅机构。变幅机构由双速鼠笼电机、蜗轮蜗杆减速机、卷筒、盘式制动器、变幅限位器等组成，如图 6-33 所示。该机构变幅速度快，具有结构紧凑、体积小、重量轻、维修方便的特点。根据起重臂长度不同，变幅限位器可随意调节。

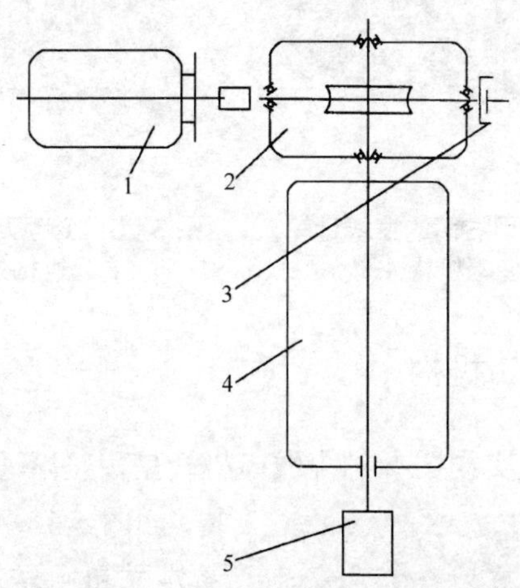

1—电机；2—蜗轮蜗杆减速机；3—制动器；4—卷筒；5—变幅限位器。

图 6-33　双速鼠笼电机加蜗轮蜗杆减速机的变幅机构传动

（2）双速鼠笼电动机加内置于卷筒的摆线针轮减速机的变幅机构。该机构结构简单，成本稍高于第一种方案，适用于中、小吨位塔式起重机，如图 6-34 所示。

（3）三速鼠笼电动机加内置于卷筒的行星减速机的变幅机构。该机构成本较高，具有三挡速度，一般应用在中、大吨位塔式起重机上。

（4）带涡流制动器的力矩电机加内置于卷筒的行星减速机变幅机构。该机构具有三挡速度，与第三种方案比较，启、制动平稳性提高了，适合于 1 250 kN·m 以上的塔式起重机。

（5）变频无级调速的变幅机构。该机构的调速原理与变频无级调速的起升机构相同，其优点是运行冲击小，操作平稳，同时提高了工作效率。但成本较高，适合于大吨位塔式起重机，如图 6-35 所示。

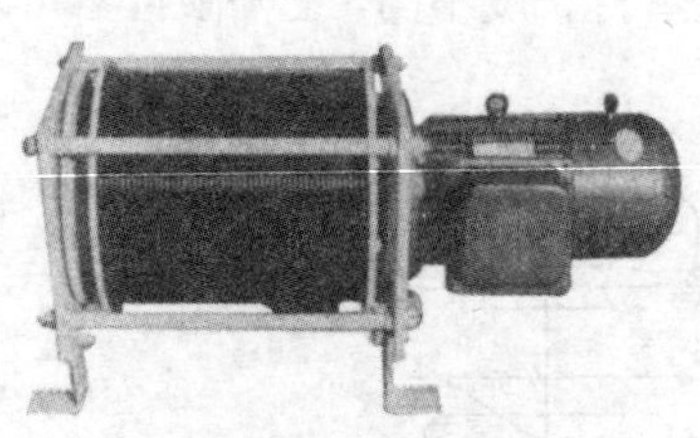
图 6-34　内置于卷筒的摆线针轮减速机的变幅机构外形

图 6-35　变频无级调速的变幅机构外形

十二、回转机构

回转机构（实物图参见绕线电机行星齿轮减速器回转机构安装，如图 6-36 所示）由回转支承装置和回转驱动装置两部分组成。回转支承装置将整个回转部分（包括起重臂、司机室、平衡臂、起升机构等）支持在固定部分上并承受起重机回转部分作用于它的垂直力、水平力和倾覆力矩。回转

图 6-36　绕线电机行星齿轮减速器回转机构安装

机构通过回转支承可使回转部分在左、右方向上做 360° 全回转。由于安装了回转限位开关，塔式起重机左、右回转运动限定为±540° 。

回转支承装置按结构特点可分为立柱式和转盘式两大类。转盘式回转支承装置一般也可分为两种：支承滚轮式和滚动轴承式。滚动轴承式回转支承装置是由球形滚动体、回转座圈和固定座圈组成，如图 6-37 所示。自升式塔式起重机上普遍采用滚动轴承式回转支承装置中的单排球式回转支承之一。该回转支承回转摩擦阻力矩小、承载能力大、高度低、结构紧凑、性能优良。回转支承实物及安装如图 6-38、图 6-39 所示。

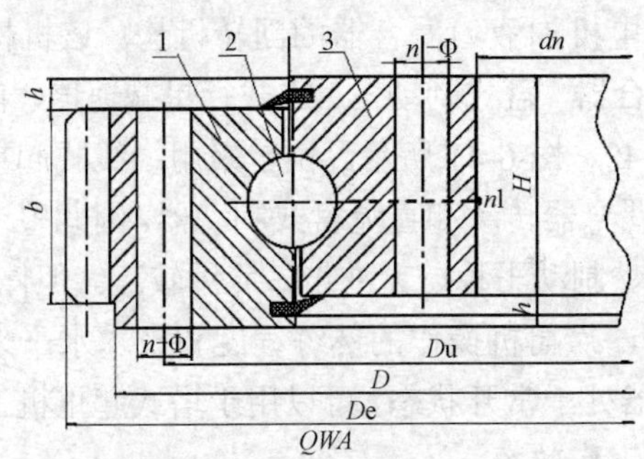

1—固定座圈；2—球形滚动体；3—回转座圈。

图 6-37 单排球式回转支承

图 6-38 单排球式回转支承

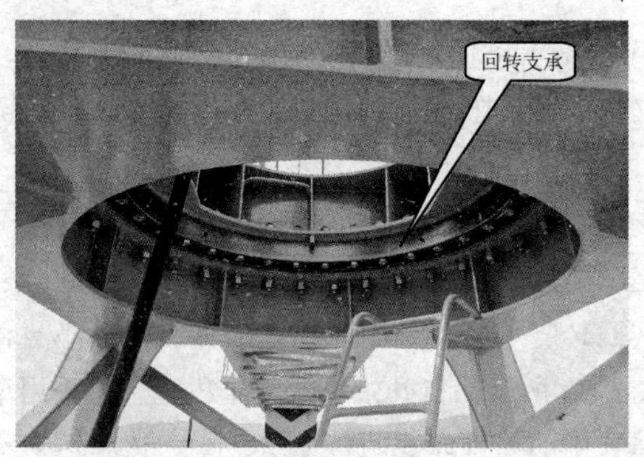

图 6-39　回转支承装置安装

目前，回转机构大体可分为以下几类：

（1）绕线电机加液力偶合器的回转机构。该机构由立式绕线电机、液力偶合器、盘式制动器、立式行星减速器、输出小齿轮等构成，如图 6-40、图 6-41 所示。由于采用绕线式起重电机加电阻器启动、液力偶合器传动和直流盘式制动器，因此整个塔式起重机回转时，启动、制动平稳、无冲击，应用较广。但停车时有滑转，就位性能稍差，靠司机操作的熟练程度和技术水平来提高就位性能。盘式制动器处于常开状态，可以用于塔式起重机工作时的制动定位，以提高工作效率。

（2）涡流制动绕线电机驱动的回转机构。该机构目前应用较多。控制系统设计合理时，就位性能比液力偶合器的方案稍好。

（3）变频无级调速的回转机构。回转机构是塔式起重机惯性冲击影响最直接的传动机构，臂架越长，影响越突出。传统的有级变速机构无法解决这一难题，导致臂架、塔身的扭摆冲击大，电机停车后臂架溜车时间长，就位很困难，回转减速机容易损坏。变频无级调速的回转机构可以解决以上问题，其调速原理与变频无级调速的起升机构相同，优点是启、制动极其平稳，就位迅速准确；但成本较高，一般应用在中吨和大吨位塔式起重机上，如

图 6-42 所示。

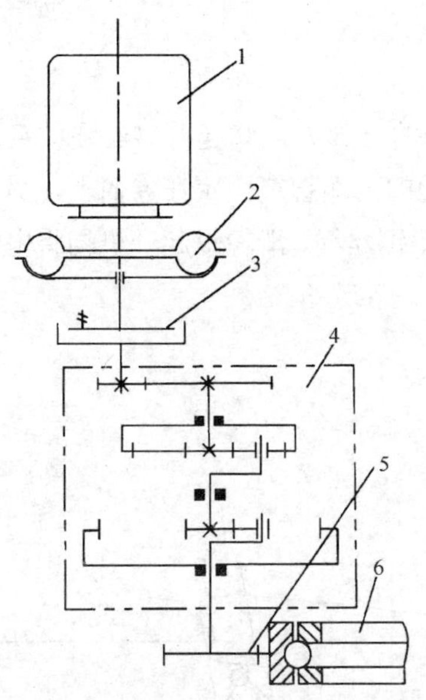

1—电机；2—液力耦合器；3—盘式制动器；
4—行星减速器；5—小齿轮；6—回转支承。

图 6-40　回转机构传动

图 6-41　绕线电机加液力偶合器的回转机构

图 6-42　变频无级调速的回转机构

十三、起升机构

起升机构是塔式起重机最重要的传动机构，用以实现重物的升降运动。它通常由电机、减速器、卷筒、制动器、离合器、钢丝绳、滑轮组、高度限位器等组成。

1. 起升机构的穿绕系统

起升机构的穿绕系统是传动的一部分，其起升钢丝绳的穿绕方法如图 6-43 所示。起升钢丝绳的一端缠绕固定在卷筒上，另一端固定在起重臂端部，通过卷筒、钢丝绳、滑轮组起升机构将电机的旋转运动转变为吊钩的垂直上、下运动。

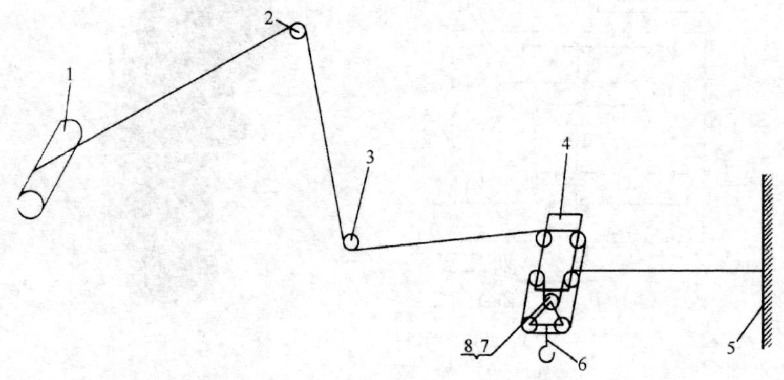

1—起升卷筒；2—塔顶滑轮；3—起重量限制器滑轮；4—载重小车；
5—臂端固定点；6—吊钩；7—上滑轮；8—中间销轴。

图 6-43 起升机构钢丝绳穿绕系统

2. 滑轮倍率变换装置

滑轮倍率变换装置的目的是使起升机构的起重能力提高一倍，而起升速度降低一半，这样起升机构能够更好地满足工作的需要。变换倍率的方法如下：将由四滑轮组成的四倍率吊钩降到地面，取出中间的销轴，然后开动起升机构，将吊钩上滑轮升到载重小车的下部固定住，这时吊钩滑轮由四倍率变为两倍率。利用同一原理，吊钩若需要从二倍率变为四倍率，只需将吊钩落地，放下吊钩上滑轮，用销轴连接即可。

3. 起升机构的分类

目前按照调速方式的不同，起升机构大体可分为以下几类：

（1）多速电机变极调速的起升机构。

（2）电磁离合器换挡的起升机构。

（3）差动行星减速器加双电机驱动的起升机构。

（4）涡流制动的多速绕线转子电机驱动的起升机构。

（5）变频无级调速的起升机构。

第七章　塔式起重机的安全装置

塔式起重机安全装置组成系统如图 7-1 所示。

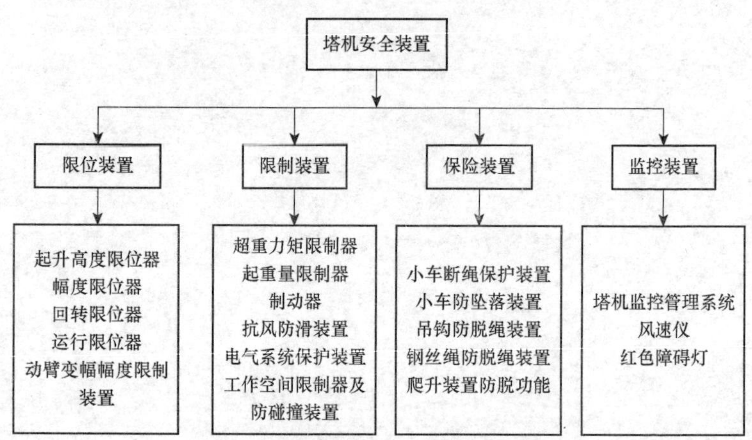

图 7-1　塔式起重机安全装置组成系统

第一节　限位装置

限位装置（也称限位器）是控制行程运行工作范围、防止运行机构行程越位的限位装置。限位装置包括起升高度限位器、幅度限位器、回转限位器、运行限位器、动臂变幅幅度限制装置。

一、起升高度限位器

起升高度限位器，也称行程开关，如图 7-2 所示。

图 7-2　起升高度限位器设置位置

起升高度限位器的设置要求：

（1）动臂变幅的塔式起重机。当吊钩装置顶部升至对应位置起重臂下端的最小距离为 800 mm 时，应能立即停止起升运动，但应有下降运动。对没有变幅重物平移功能的动臂变幅的塔式起重机，还应同时切断向外变幅控制回路电源。

（2）小车变幅的塔式起重机。吊钩装置顶部升至小车架下端的最小距离为 800 mm 时，应能立即停止起升运动，但应有下降运动。

（3）所有形式塔式起重机。当钢丝绳松弛可能造成卷筒乱绳或反卷时，应设置下限位器，在吊钩不能再下降或卷筒上钢丝绳只剩 3 圈时应能立即停止下降运动。

起升高度上限位安装装置，如图 7-3 所示。

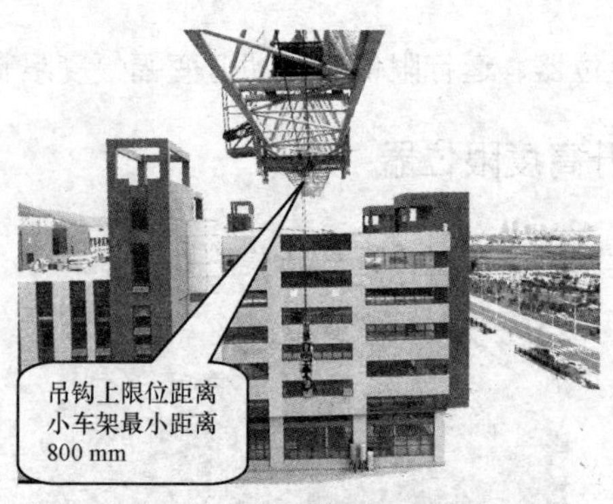

图 7-3　起升高度上限位安装位置

二、幅度限位器

幅度限位器是限制塔式起重机工作幅度变化的范围，防止变幅超出范围造成安全事故的安全装置。塔式起重机变幅限位装置有动臂变幅幅度限位器和小车变幅幅度限位器两种。

（1）对于动臂变幅的塔式起重机，应设置幅度限位开关，在臂架到达相应的极限位置前开关动作，停止臂架继续往极限方向变幅。动臂式塔式起重机设置有臂架低位和臂架高位的幅度限位开关，以及防止臂架后翻的装置。动臂式塔式起重机还应安装幅度显示器，以便司机能及时掌握幅度变化情况并防止臂架仰翻造成重大破坏事故。动臂式塔式起重机的幅度指示器，具有指明俯仰变幅动臂工作幅度及防止臂架向前后翻仰的两种功能，装设于塔顶右前侧臂根交点处。

（2）对于小车变幅的塔式起重机，应设置小车行程限位开关和终端缓冲装置。小车行程限位开关（小车变幅幅度限位器）是使小车在到达臂架端部或臂架根部之前停车，防止小车发生越位事故的安全装置。限位开关动作后应保证小车停车时其端部距缓冲装置[图 7-4（b）]最小距离为 200 mm，断开变幅机构的单向工作电源，以保证小车的停止运行，避免越位。小车变幅幅度限位器如图 7-4（a）所示。

(a) 小车变幅幅度限位器

(b) 小车变幅终端缓冲装置

图 7-4　小车变幅幅度限位装置

三、回转限位器

回转限位器，也称角度限位传感器，是用以限制塔式起重机的回转角度，实现工作定位，防止部件和电缆损坏的安全装置。设置中央集电环的塔式起重机可以实现回转限位，不设中央集电环的塔式起重机应设置正反两个方向的回转限位开关，使正反两个方向的回转范围控制在±540°内，以防止电缆线缠绕损坏，避免与障碍物发生碰撞等。当塔式起重机回转达到极限位置时，自动切断往前方向回转的电源，使塔式起重机只能朝相反方向运转，如图 7-5 所示。

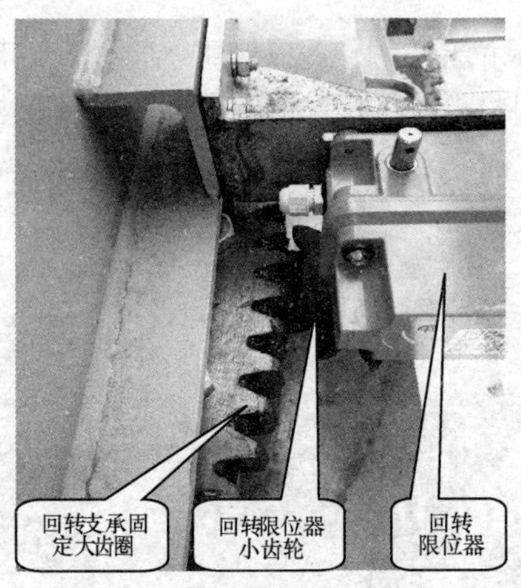

图 7-5　回转限位器

四、运行限位器

运行限位器（也称行走限位器），主要是用于行走轨道式塔式起重机大车行走范围限位，防止塔式起重机出轨的安全装置。行走限位器通常装设于行走台车的端部，前后台车各设一套，可使塔式起重机在运行到轨道基础端部缓冲止挡装置之前完全停车。轨道行走塔式起重机运行限位器如图 7-6 所示。

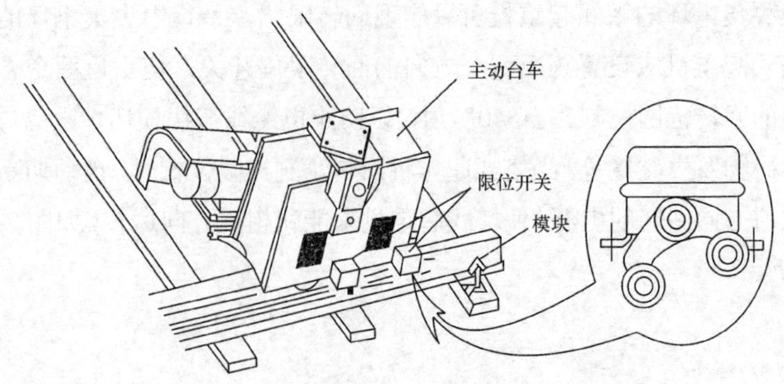

图 7-6　轨道行走式塔式起重机运行限位器

五、动臂变幅幅度限制装置

动臂变幅幅度限制装置（也称防后倾限位装置），用于动臂变幅塔式起重机，该装置设置在动臂的三脚架上，当起重臂上仰，超出规定的极限范围时，该装置将有效阻止起重臂在规定的幅度内停止，有效地防止起重臂向后倾覆事故发生。动臂变幅幅度限制装置如图 7-7 所示。

图 7-7　动臂变幅幅度限制装置

第二节　保险装置

塔式起重机保险装置是指冗余设计的一种保险与保护装置，以增加塔式起重机运行的安全性、可靠性。保险装置包括小车断绳保护装置、小车防坠落装置（小车防断轴装置）、吊钩防脱绳装置、滑轮防脱绳装置、爬升防脱装置。

一、小车断绳保护装置

对于小车变幅式塔式起重机，为防止变幅小车牵引钢丝绳断绳断裂导致失控，而造成事故发生，变幅机构的双向位置均设置小车断绳保护装置。

小车断绳保护装置的原理是：断绳保护装置平时受变幅小车牵引钢丝绳的牵制成水平状，变幅小车处于正常的运行。当发生变幅小车牵引钢丝绳断裂时，钢丝绳下垂，断绳保护装置随着钢丝绳的下垂而呈垂直状，*A* 点上翘。断绳保护装置的 *A* 点受起重臂下横腹杆的阻挡，阻止行走小车无法移动。这种装置虽然简单有效，但在使用中，会出现因牵引钢丝绳松动引起装置 *A* 点上翘，影响变幅小车正常运行，因此，必须使牵引钢丝绳的松紧适度。另外，变幅小车是由两根钢丝绳分别牵引两个方向，所以需要具有两组断绳保护装置。小车断绳保护装置如图 7-8 所示。

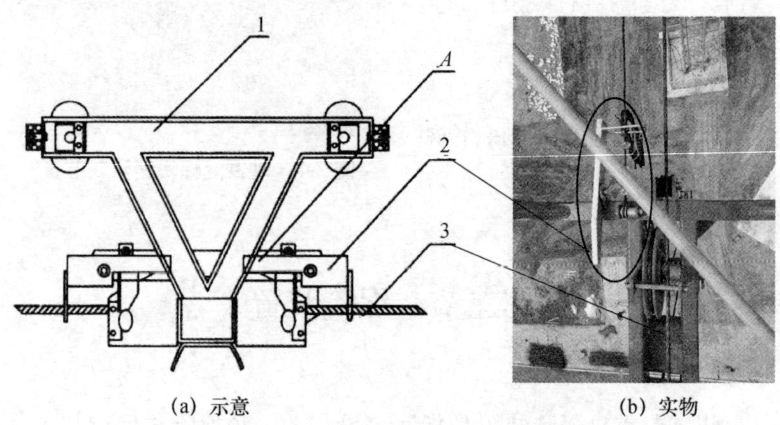

(a) 示意　(b) 实物

1—变幅小车；2—断绳保护装置；3—小车牵引钢丝绳。

图 7-8　小车断绳保护装置

二、小车防坠落装置

小车变幅塔式起重机设置有小车防坠落装置（也称小车断轴保护装置），即使小车轮轴断裂，小车也不会掉落，是阻止危害事故发生的安全装置。变幅小车断轴保护装置是依靠四个滚轮在起重臂的下弦杆上滚动，四根滚轮轴承受小车、吊具及起重物的全部重量，变幅小车的轮轴一旦断裂或出轨，行走小车就会坠落引起安全事故。其原理是：小车断轴保护装置安装在变幅小车架左右两根横梁上的两块固定挡板，当小车滚轮轴断裂时，固定挡板即落在起重臂弦杆上，固定挡板正好卡在滚轮轨道上，使小车不能脱落，起到断轴保护作用。小车断轴保护装置如图 7-9 所示。

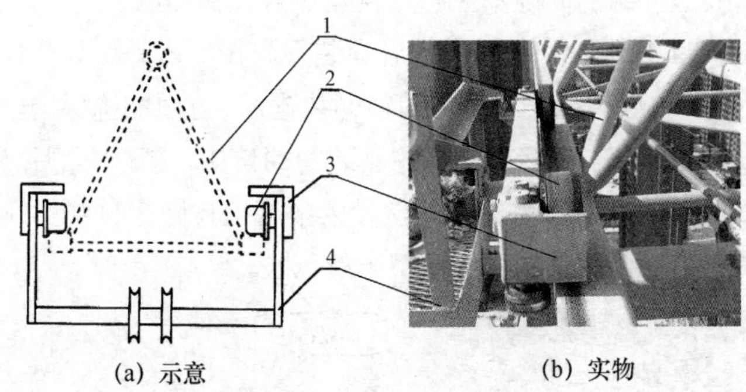

(a) 示意　　(b) 实物

1—起重臂；2—小车滚轮；3—防断轴保护装置；4—变幅小车。

图 7-9　小车防坠落装置（小车断轴保护装置）

三、吊钩防脱绳装置

吊钩防脱绳装置（也称闭锁装置），是通过弹簧力或者重力促使防脱钩挡板与吊钩保持封闭锁合状况，以防止钢丝绳从吊钩中脱出而发生事故。吊钩防脱绳装置如图 7-10 所示。

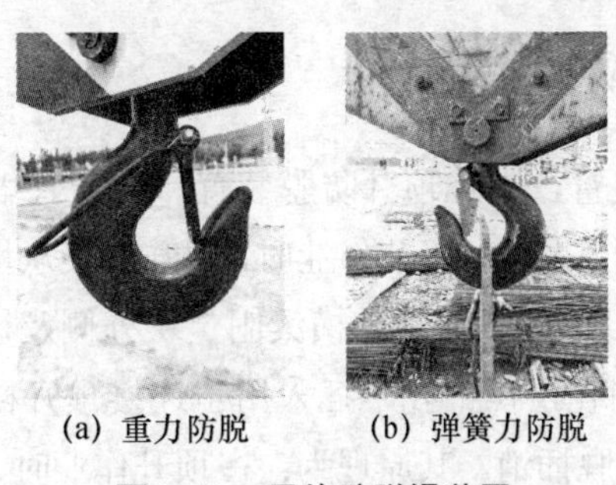

(a) 重力防脱　　(b) 弹簧力防脱

图 7-10　吊钩防脱绳装置

四、钢丝绳防脱绳装置

《塔式起重机安全规程》（GB 5144—2006）规定：滑轮、起升卷筒及动臂变幅卷筒均应设有钢丝绳防脱装置，该装置与滑轮或卷筒侧板最外缘的间隙不应超过钢丝绳直径的 20%。

图 7-11 为滑轮和起升卷筒脱绳装置。排绳器是引导和控制钢丝绳均匀、逐层排绕在卷筒上的辅助装置，一方面能确保钢丝绳在卷筒上排列整齐，减轻钢丝绳相互之间的挤压，降低其磨损程度，延长钢丝绳的寿命；另一方面能最大限度地排除因排绳不畅引起钢丝绳跳出卷筒两端的凸缘而带来的风险。

(a) 滑轮防脱绳装置

(b) 卷筒防脱装置

图 7-11　滑轮和卷筒防脱绳装置

五、爬升防脱装置

爬升防脱装置，也称顶升防脱装置。自升式塔式起重机应具有防止塔身在正常加节、降节作业时，顶升横梁从塔身支承中自行脱出的功能。其结构为：在顶升横梁固定块外侧及标准节支撑块上设置一个 ϕ15 销孔，在销孔中插入用于连接顶升横梁固定块与标准节支撑块的防脱插销。其原理为：在顶升作业时，将顶升销轴放入支撑块弧槽中，塔式起重机上部的重量由顶升横梁两端的顶升销轴支撑，防脱插销插入的孔中，由防脱插销将顶升横梁与标准节之间紧紧地连接起来，使之形成一个整体，顶升或下降作业完成后，即可将防脱插销从孔中抽出。爬升防脱安全装置如图7-12所示。

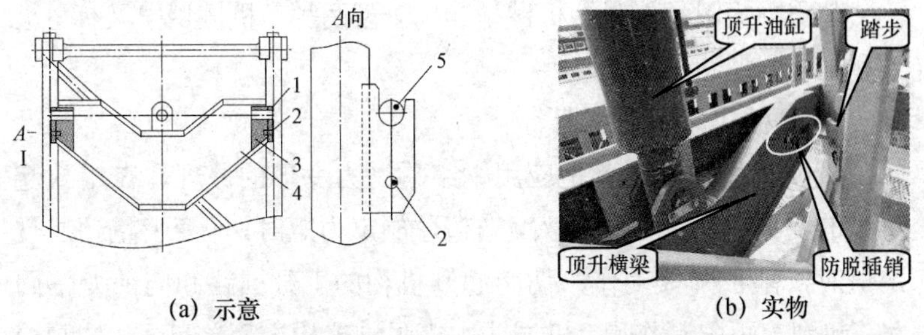

(a) 示意　　(b) 实物

1—标准节支撑块（踏步）；2—防脱插销；3—顶升横梁固定块；4—顶升横梁；5—顶升销轴。

图7-12　爬升防脱安全装置

第三节　限制装置

塔式起重机限制装置是为防止过载，预防倾覆事故而设置的安全装置。限制装置包括：起重力矩限制器、起重量限制器、制动器、抗风防滑装置、工作空间限制器装置等。力矩限制器是限制起重臂相应幅度起重量；重量限制器是限制最大起重量。这两套限制装置是塔式起重机必不可少的安全保护装置。

一、起重力矩限制器

起重力矩限制器（以下简称力矩限制器）在塔式起重机起重力矩超载时起限制作用。《塔式起重机安全规程》（GB 5144—2006）规定，塔式起重机应安装起重力矩限制器，则其数值误差不应大于实际值的±5%。当起重力矩大于相应工况下的额定值并小于该额定值的 110%时，应切断上升和幅度增大方向的电源，但机构可作下降和减小幅度方向的运动。

起重力矩限制器分为机械型和电子型两种，机械型中又有弓板式和杠杆环型两种形式。

1. 机械式力矩限制器

机械式力矩限制器是应用钢结构受力变形的原理，在塔式起重机的受力主肢上取样放大，当超过额定力矩时，即变形量超过规定值时，限位开关动作，切断起升机构的上升回路和向前变幅回路，起到力矩限制作用。机械式力矩限制器构造简单可靠，控制简单，使用比较普遍。机械式力矩限制器的性能好坏，关键在于塔式起重机的安装位置，即塔式起重机上主受力点。目前使用最多的是弓板式力矩限制器，安装在塔帽受力的主肢上。弓板式力矩限制器如图 7-13 所示。

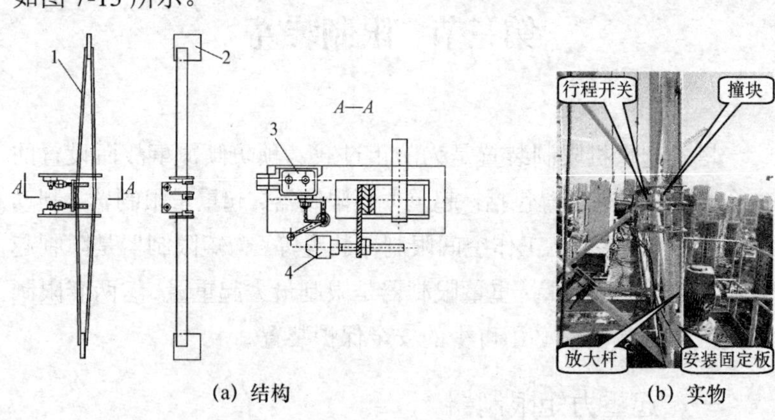

(a) 结构　　(b) 实物

1—放大杆；2—安装固定板；3—行程开关；4—撞块。

图 7-13　弓板式力矩限制器

（1）弓板式力矩限制器。

弓板式力矩限制器安装在塔帽主肢上，靠起重臂方向。塔式起重机起升重物时，塔帽主肢受压变形，力矩限制器弓形放大杆受压向两边位移，带动固定在放大杆上的撞块向行程开关移动。当超过额定力矩时，撞块撞上行程开关，行程开关的触头打开，切断相应的控制电路。要注意，弓板式力矩限制器安装位置不同，受力的状况也不同，如安装在塔帽靠平衡臂方向主肢上，塔式起重机起升重物时，受力状况是受拉，弓形放大杆从两边同时向中间收缩，因此行程开关和撞块的安装方向与图中相反。或者行程开关和撞块的安装方向不变，正常状态下，撞块压住行程开关，超力矩时，因受力放大杆收缩，撞块松开行程开关，只是改接下一行程开关的常开常闭触头。

（2）杠杆环型力矩限制器。

杠杆环型力矩限制器结构原理图及调试方法如图 7-14 所示。该力矩限制器一般安装在塔式起重机塔顶主弦杆下端部位。当塔式起重机起吊重物时，塔顶受力塔顶主弦杆发生弯曲变形，焊接在塔顶主弦杆上的上、下拉铁发生位移，即上拉铁向上方弧线位移，下拉铁向下方弧线位移，使拉杆受力后拉动环体发生变形，又使装在环体内的弓形板发生变形，带动微动开关触头杆触碰到环体上的可调螺钉，微动开关进入转换状态。根据塔式起重机起重臂顶端起吊重物的额定吨位，调整微动开关 K_1～K_4 的可调螺钉来控制力矩报警、超力矩断电等功能。当塔顶起重臂顶端超过额定起吊重量时，塔式起重机停止起吊重物。

另外，在力矩限制器环体内装有微动开关 K_4（常开），当力矩限制器安装完毕，在调整拉杆顶部的松紧螺母时，应将 K_4（常开）点的接线调整为接通状态，将连接线路穿入起升机构的控制线路中，防止随意增加塔式起重机的起重量。图 7-15 为环形力矩限制器实物图。

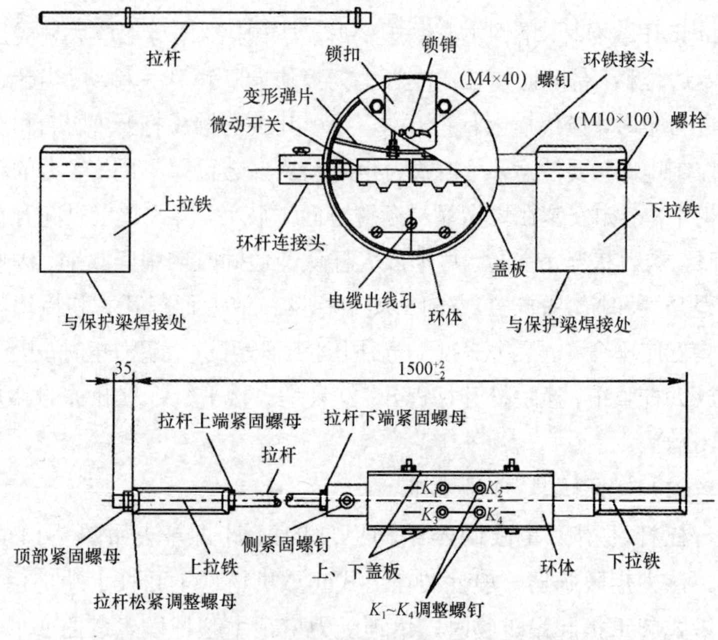

图 7-14　环形力矩限制器结构原理图及调试方法

图 7-15　环形力矩限制器

2. 电子式力矩限制器

电子式力矩限制器工作时，当实际载荷为额定载荷的 90%以下时，显示器“正常”灯亮；当实际载荷达到额定载荷的 90%时，显示器“90%”灯亮，同时力矩限制器主机上蜂鸣器开始间断鸣叫预警；当实际载荷达到额定载荷的 100%时，显示器“100%”灯亮，同时力矩限制器主机上蜂鸣器开始间断加快鸣叫报警；当起重力矩大于相应工况下的额定值并小于该额定值的 110%时，显示器“110%”灯亮，同时力矩限制器主机上蜂鸣器长鸣报警，继电器动作，起升及起重臂增大工作半径的操作将会自动停止，但机构可作下降和减小幅度方向的运动，防止司机失误或野蛮操作造成危害性事故，如图 7-16 所示。

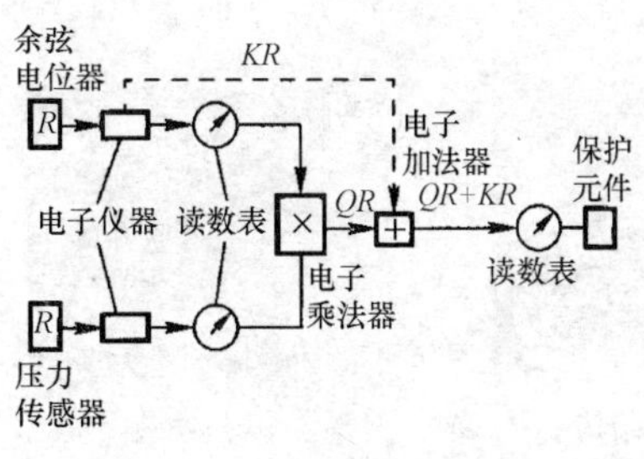

(a) 方框图

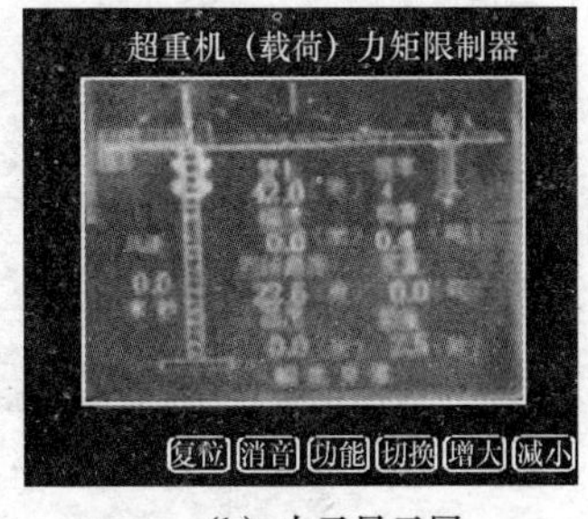

(b) 电子显示屏

图 7-16　电子式力矩限制器框及电子显示

二、起重量限制器

起重量限制器，其作用是限制塔式起重机的最大起重量，防止过载，保护塔式起重机的起升机构不受破坏。当起升载荷超过额定载荷时，起重量限制器能输出电信号，切断起升控制回路，并能发出警报达到防止起重量超载的目的。

起重量限制器有机械式和电子式。机械式起重量限制器有测力环式、弹簧秤式等。

1. 机械式测力环式起重量限制器

机械式测力环式起重量限制器的结构与安装如图 7-17 所示。当塔式起重机吊载重物时，滑轮受到钢丝绳合力作用，将此力传给测力环，测力环外壳产生弹性变形（测力环的变形与载荷成一定的比例）；根据起升荷载的大小，滑轮所传来的力大小也不同。测力环外壳随受力产生变形，测力环内的金属片与测力环壳体固接，并随壳体受力变形而延伸。此时根据荷载情况来调节固定在金属片的调整螺栓与限位开关距离，当载荷超过额定起重量就使限位开关动作，从而切断起升机构的电源，达到对起重量超载限制的作用。

(a) 原理　　(b) 内部结构　　(c) 安装

1、3、5、8—调整螺钉；2、4、6、7—限位开关。

图 7-17　机械式测力环式起重量限制器的结构与安装

2. 电子式起重量限制器

电子式超载限制器克服了机械式超载限制器体积大、重量大、精度低等缺点，并可以随时显示起吊物品的重量，近年来，已成为塔式起重机新型超载保护装置。电子式超载限制器可以根据预先调整好的起重量来进行控制。一般把它调节为额定起重量的 90%报警，额定量的 110%切断电源。电子式超载限制器主要由载荷传感器、电子放大器、数字显示装置、控制仪表等组成一个自动控制系统。电子式超载限制器的工作原理如图 7-18 所示。

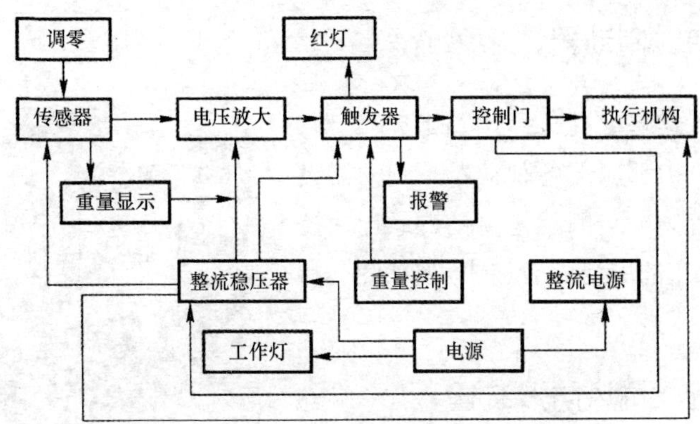

图 7-18　电子式超载限制器的工作原理

三、起重量限制器与起重力矩限制器的区别

起重量限制器是限制塔式起重机的起重量不超过最大额定起重量，起重量限制器是主要保护塔式起重机的提升系统。通过切断上升方向的电源来限制超载，危险部位位于臂根位置，起重量限制器行程开关动作的信息来源于起升机构的钢丝绳，它与起重量的大小有关。每套起重量限制器上均安装了两个行程开关。一个用于控制起升机构由高速转换为低速；另一个用于控制塔式起重机的最大起重量，当达到最大额定起重量的 100%～110%时，就切断起升机构的电源，吊物的重量减少后，才能恢复工作。

起重力矩限制器是限制塔式起重机的起重力矩不超过最大额定起重力矩，当起重力矩大于相应工况下的额定值并小于该额定值的 110%时，应切断上升和幅度增大方向的电源，但机构可作下降和减小幅度方向的运动。起重力矩限制器主要保护起重机结构，通过同时切断上升及增幅方向电源来限制超载，其危险部位是靠近最大起重量相应最大幅度至臂端位置。

四、制动器

塔式起重机在起升、回转、变幅、行走机构都应配备制动器。制动器设置在卷扬机一侧，是卷扬机运行、控速、停车的配套机构。制动器如图 7-19 所示。

图 7-19　制动器

五、抗风防滑装置

抗风防滑装置如图 7-20 所示，是指防止塔式起重机运行部件受到风载情况时处于静止状态下驻停不变的一种装置。包括缓冲器、止挡装置、夹轨器、清轨板等。

(a) 夹轨器

(b) 缓冲及止挡装置

(c) 清轨板

图 7-20　抗风防滑装置

夹轨器和清轨板主要设置在轨道式塔式起重机上。夹轨器（也称抓轨器）是防止塔式起重机在非工作状态下停止（驻车）在轨道上滑移的装置。清轨板是在塔式起重机大车运行机构与轨道之间设置清除轨道障碍的装置，清轨板与轨道之间的间隙不应大于 5mm。

六、工作空间限制器及防碰撞抗风防滑装置

根据《塔式起重机》(GB/T 5031—2019) 的规定，用户需要时，塔式起重机可装设工作空间限制器。单台塔式起重机作业时，工作空间限制器应在正常工作时应根据需要限制塔式起重机进入某些特定的区域或进入该区域后不允许吊载。群塔（两台以上）作业时，该限制器还应限制塔式起重机的回转、变幅和整机运行区域以防止塔式起重机间结构、起升绳或吊重发生相互碰撞。

当群塔作业的工作空间限制器间采用有线通信时，应采取有效措施防止电缆（电线）意外损坏。

对于工作空间限制器的电源供应，因工作空间限制器不能脱离塔式起重机而独立工作，当塔式起重机电源切断时，工作空间限制器电源应同时自动切断。

对于防碰撞装置的电源供应，因塔式起重机停止工作时，防碰撞装置仍需运行，在切断塔式起重机机构动力和控制电源时，应继续给防碰撞装置供电。

七、电气系统保护装置

根据《塔式起重机》(GB/T 5031—2019) 的规定，塔式起重机应设置以下电气系统保护装置:

1. 电动机的保护

电动机应具有如下一种或一种以上保护装置，具体选用方法应按电动机及其控制方式确定:

（1）短路保护。

（2）在电动机内设置热传感元件。

（3）热过载保护。

2. 线路保护

所有线路都应具有短路或接地故障引起的过电流保护功能，在线路发生短路或接地故障时，瞬时保护装置应能分断线路。

3. 错相与缺相保护

电源电路中应设有错相与缺相保护装置。

4. 零位保护

塔式起重机各机构控制回路应设有零位保护。初始供电以及运行中因故障或失压停止运行后重新恢复供电时，机构应不能自行动作，只有控制装置置零位后，机构才能重新启动。

5. 失压保护

当塔式起重机供电电源中断后，凡涉及安全或不宜自动开启的用电设备均应处于断电状态，避免恢复供电时用电设备自动启动。

6. 欠压与过压保护

应设置欠压与过压保护装置。当电压低于 85%或高于 110%额定电压时，装置应发出报警或自动切断电源电路。

7. 紧急停止

司机操作位置处应设置紧急停止按钮，在紧急情况下能方便切断塔式起重机控制系统电源。紧急停止按钮应为红色非自动复位式。

8. 预减速保护

具有多挡变速的变幅机构，应设有自动减速功能使变幅到达极限位置前自动降为低速运行。

具有多挡变速的起升机构，应设有自动减速功能使吊钩在到达上限位前自动降为低速运行。

9. 超速开关

动臂变幅机构应设置超速开关，超速开关的整定值取决于控制系统性能和额定下降速度，通常为额定下降速度的1.25～1.4倍。

10. 避雷保护

塔式起重机主体结构、电动机机座和所有电气设备的金属外壳、导线的金属保护管均应可靠接地，其接地电阻应不大于4 Ω。采用多处重复接地时，其接地电阻应不大于10 Ω。

第四节　监控系统

一、塔式起重机监控管理系统

根据《塔式起重机》（GB/T 5031—2019）的规定，塔式起重机宜安装符合《起重机械　安全监控管理系统》（GB/T 28264—2017）或《建筑塔式起重机安全监控系统应用技术规程》（JGJ 332—2014）要求的安全监控管理系统。

1. 塔式起重机及管理系统的一般要求

（1）塔式起重机安全监控系统应具有对塔式起重机的起重量、起重力矩、起升高度、幅度、回转角度、运行行程信息进行实时监视和数据存储功能。当塔式起重机有运行危险趋势时，塔式起重机控制回路电源应能自动切断。塔式起重机安全监控管理系统装设位置如图7-21所示。

（2）在既有塔式起重机升级加装安全监控系统时，严禁损伤塔式起重机受力结构。

（3）在既有塔式起重机升级加装安全监控系统时，不得改变塔式起重机原有安全装置及电气控制系统的功能和性能。

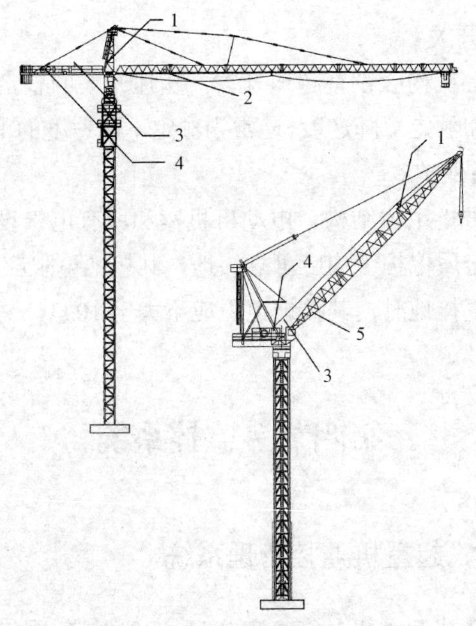

1—重量传感器；2—幅度传感器；3—回转角度传感器；
4—起升高度传感器；5—倾角传感器。

图 7-21　塔式起重机安全监控管理系统装设位置

（4）塔式起重机安全监控系统（以下简称系统）不得执行来自本系统外的塔式起重机操作控制指令。

（5）系统应具有产品出厂合格证书。

2. 功能要求

（1）显示装置。塔式起重机应安装有显示记录装置。该系统显示装置应能以图形、图表或文字的方式显示塔式起重机当前主要工作参数及与塔式起重机额定能力比对信息，主要工作参数至少包含起重量、起重力矩、起升高度、幅度、回转角度、运行行程、倍率。

系统显示的文字表达应采用简体中文。信息显示应在各方向光照等条件下清晰可辨，不耀眼刺目。

（2）系统内置存储装置。

1）存储能力至少应存储最近 1.6×10^4 个工作循环及对应起止工作时刻信息。

2）在电源关闭或供电中断之后，其内部的所有信息均应被保留且不能被破坏。

3）信息下载不影响存储装置内信息的完整性。

（3）系统应具有控制吊钩避让固定障碍物的单机区域限制功能，可设定限制区域不少于 5 个，且应满足现场实际需求。

（4）系统应具有开机自检功能，在系统自身发生故障时，应能立即显示并记录故障信息。

（5）系统参数的录入和更改应由设备管理人员进行，并应有不少于 5 位的密码保护功能，系统应至少留存最近 5 次参数更改时刻信息。

（6）系统应设有声光报警装置，在达到设定的塔式起重机相应额定能力阈值时，应能向司机发出报警信号，报警信号应符合《塔式起重机》（GB/T 5031—2019）的规定。

（7）系统应至少设有的外设装置。

1）存储信息导出端口：该端口可以与计算机或其他存储设备相连，应能实现塔式起重机历史工作信息的导出。

2）群塔作业信息交换装置连接端口：该端口可以与信息交换装置相连，实现局域组网，信息交换装置之间，或与群塔干涉运算装置之间的通信频带宜采用 2.4 GHz，通信协议应符合《建筑塔式起重机安全监控系统应用技术规程》（JGJ 332—2014）的要求。

3）报警与安全控制信号输出装置：在达到系统设定的安全阈值时通过信号输出装置输出相应的安全控制开关信号，信号输出装置的控制继电器触点容量不应低于 3 A，安全控制开关信号应包括：

① 80%额定力矩、90%额定力矩、100%额定力矩。

② 90%最大额定起重量、100%最大额定起重量及 2 路挡位起重量。

③ 幅度前后预减速及限位。

④ 高度上下预减速及限位。

⑤ 回转左右预减速及限位。

⑥ 位移前后预减速及限位。

4）远程传输单元连接端口：该端口可与远程传输装置 TCP/IP 通信协议，信息格式应符合《建筑塔式起重机安全监控系统应用技术规程》（JGJ 332—2014）的要求。

（8）信息系统应能接受并执行远程时钟校准指令。

（9）系统应能接收群塔干涉运算装置发出的警报、避让指令并给司机相应的指示。

TSCMS 塔式起重机安全监控管理系统结构如图 7-22 所示。

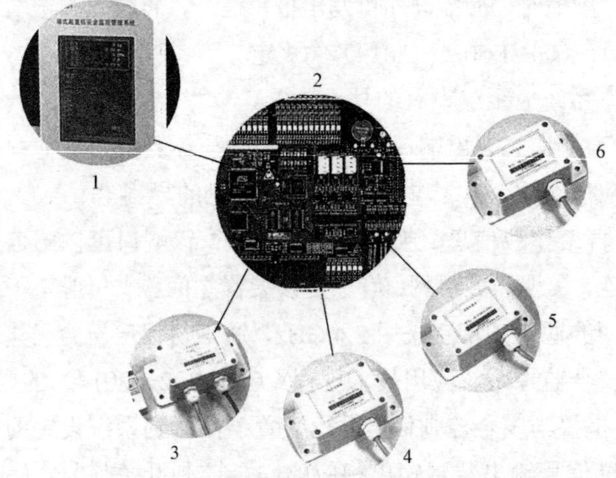

1—显示屏；2—主板；3、4、5、6—传感器。

图 7-22　TSCMS 塔式起重机安全监控管理系统结构

二、其他警示装置

（1）塔式起重机安装高度大于 30 m 时应安装红色障碍灯，如图 7-23 所示。

（2）塔式起重机安装高度大于 50 m 时应安装风速仪，如图 7-24 所示。

图 7-23　红色障碍灯

图 7-24　风速仪

第八章　塔式起重机电气系统

第一节　塔式起重机电气控制中的安全保护设置

塔式起重机电气控制中的安全保护设置包括两个方面：限位保护和电气保护。

限位保护主要有吊钩超高限位、超力矩限制、超重量限制、变幅限位、回转限位、行走限位、零位保护、紧急开关。

电气保护有短路保护、过载保护、过流保护、过热保护、欠电压和过电压保护、相序保护、断相保护。

这些安全保护装置在完整的塔式起重机电气控制系统中必须具备，其中防止电动机过载的保护有过流或过热保护，只要选择使用一种即可。

安全保护装置在电路图中的位置和它们的作用，见表 8-1。

表 8-1　安全保护装置在电路图中的位置及其作用

名称	接入位置	作用
吊钩超高限位	起升机构上升回路	防止吊钩上升超过时限，顶撞起重臂，即吊钩冒顶

续表

名称	接入位置	作用
超力矩限制	1. 起升机构上升回路 2. 变幅机构小车向前回路	此限位必须同时接入起升、变幅两个位置，防止塔式起重机超过额定力矩工作
90%力矩预警	操纵台上声光指示	提醒驾驶员力矩接近最大值
超重量限制	起升机构上升回路	防止塔式起重机起升重物时，超过额定最大起重量
变幅限位	变幅机构小车向前、向后回路	限制变幅小车前后运行距离起重臂端的最小距离
回转限位	回转机构向左、向右回路	限制回转机构向某一方向旋转的最大角度，一般为900°，即两周半。防止主电缆绞断
行走限位	1. 行走机构向前向后回路 2. 行走极限限位需接入总电源控制回路	限制行走式塔式起重机在轨道上运行距离轨道两端的最小距离，防止驶出轨道
零位保护	总电源控制回路	确保各机构主令开关在非工作状态时，塔式起重机才能接通电源
紧急开关	总电源控制回路	由于遇到紧急情况切断电源，也用于塔式起重机暂时工作时，切断电源
短路保护	主回路控制回路 辅助线路回路	用于线路短路保护
过载保护	电动机主回路	防止电动机过载
过流保护	电动机主回路	防止电动机过载
过热保护	电动机主回路	防止电动机过载
欠电压过电压保护	主电源始端	确保塔式起重机的工作电压在规定的范围内

续表

名称	接入位置	作用
相序保护	主电源始端	防止塔式起重机因相序接错，造成主令开关此操作方向颠倒，以及各安全保护装置失效
断相保护	主电源进线端	防止塔式起重机在电源缺相状态下运行，而造成事故

第二节　塔式起重机电气系统的安装、拆卸与调试

塔式起重机属于可拆卸式大型起重设备，要随着施工场地迁移而进行拆卸、转移和安装。因此，塔式起重机的电气系统也要进行拆卸、安装、调试工作。这里指的安装、拆卸不是指每一个小的零件的安装、拆卸，是指尽可能完整的部件，旨在便于运输和便于安装。我们在这里是以图 10-33 所示的 QTZ63 塔式起重机的电气原理为例来说明安装调试过程，在实际操作中，要根据不同的机型和不同的控制电路举一反三，灵活掌握。

一、塔式起重机电气系统安装、拆卸前的检查工作

（1）电气系统在安装拆卸前先要熟悉该机型的说明书、电气原理图和接线图，准备好所需要的工具，如常规电工工具、万用表以及专用工具。

（2）编制电气系统拆装工艺流程，把每一个步骤程序化。工艺流程内容应包括拆装内容、步骤，每一个步骤的操作人员及人数，使用的工具及工具规格，可能遇到的问题及排除方法。这一步骤很

重要，也是衡量拆装队伍专业化水平高低的重要因素。编制电气系统工艺流程需要有专业的电气技术知识，还需要丰富的实际工作经验，最好由电器技术员和经验丰富的电工一起编制。有了工艺流程指导电气系统的拆装工作，拆装工作的质量、进度都可以得到保证。

（3）检查塔式起重机电气系统所有部件及外观。所有的部件是否缺少，外观有无损坏，发现问题及时解决。

（4）检查电缆线。安装电气系统时，应对电气部件之间外部连接用的所有电缆线仔细检查。

① 检查电缆线数量、长度和型号规格与电气图纸是否相符。

② 检查电缆线外皮有无破损、老化，有无折痕、压痕或断裂。因为大型设备在转场运输过程中稍不注意就容易损坏电缆。发现问题要马上进行修补或更换。

③ 检查电缆线内部通断情况。用万用表欧姆低阻挡 R×1 测量每一根电缆线，及时发现电缆线内部铜线因断裂而不通的现象。再用万用表欧姆高阻挡 R×10 k 测量线与线之间有无因绝缘损坏发生通路现象，有疑问可以用兆欧表进一步检查。在检查通断的同时，检查电缆线两头编号是否相同。特别是多股控制电缆要着重进行核对两头的编号。这样做可以减少接线错误引起的故障。

④ 在拆卸塔式起重机电气系统时，应将所有拆卸下的电缆线分门别类地捆扎好，线的两端用绝缘胶布把线头和号码管全部裹好。每一捆线挂上标签，标签上注明线的规格及其使用方法。所有拆卸下来的电缆线汇总记入明细表。这样做便于设备管理和接下来的安装。

（5）检查配电线配置是否符合要求。这里指的是外部提供塔式起重机电源的配电线，即输送到塔式起重机专用配电箱的电源线。检查配电电压与塔式起重机的额定工作电压是否相符。能提供的最大电流能否满足塔式起重机的尖峰电流。在满足尖峰电流的前提下，额定工作电压误差范围不超过±10%。

（6）检查各电气部件的绝缘电阻。所有部件在安装前要测量一下绝缘电阻，理由是部件在安装前相对独立，测量时不会产生因部件之间的相互牵涉而造成测量误差，可以及时发现问题，比较容易找到故障症结。检查绝缘电阻需要用 500 V 的兆欧表进行测量。要注意有些塔式起重机的电气控制系统中有 PC 电子元件，这些元件的耐压值一般比较低，所以测量这一类电气系统时，要先将 PC 元件部分与被测线路断开测量，如变频控制系统中的变频器和可编程控制器等。

① 检查电动机绕组之间和绕组对地之间的绝缘电阻。其阻值应大于 0.5 MΩ。如低于 0.5 MΩ 可能是电动机绕组受潮或绝缘损坏。如受潮应进行干燥处理，如绝缘损坏应找出损坏部位进行修理。

② 检查电控柜中主回路和控制回路对地绝缘电阻。主回路绝缘电阻值应大于 0.5 MΩ，控制回路的绝缘电阻值应大于 1 MΩ。

③ 检查各安全装置上的行程开关或微动开关对地绝缘电阻，其电阻值应大于 1 MΩ。

④ 电气系统整体安装后，还要测量总体上的主回路和控制回路的对地绝缘电阻。主回路应大于 0.5 MΩ，控制回路应大于 1 MΩ。

（7）检查所有电气零部件机械运行情况。此项目检查是在还没有接电的时候进行。主要检查电气各零部件是否存在机械上的故障。

① 检查各机构电动机，先松开制动器，然后人工盘转电动机，检查刹车片上有无油漆、锈迹致使电动机无法旋转。电动机有无其他原因造成的阻塞现象和机械异常。

② 检查制动器机械动作是否正常，整个动作行程有无异常。制动器铁心表面有无油污或其他影响铁芯吸合的异物。

③ 检查接触器机械动作，用手按动，应没有卡涩现象。灭弧罩应完好无损，触头应无缺损，接线端子螺丝应无松动脱落现象。

④ 检查各安全装置上的行程开关或微动开关，动作应灵活，无锈蚀和积水。

二、塔式起重机电气系统安装、拆卸

塔式起重机电气系统的拆卸安装是与钢结构安装交叉进行的。主要是进行各电气部件的外部连线。

首先把还没有吊装的各机构上电动机、制动器、限位器的电缆线全部接上，电缆的另一端要等到该机构吊装好后才能接线，所以先将电缆捆扎好绑在机构上，便于机构吊装而不会损坏电缆线。电缆线接线时，电缆线端头部分要用塑料绝缘胶布包扎好，电缆线的外层绝缘橡胶一定要塞到接线盒中，不能将没有外层绝缘橡胶，只有里层绝缘橡胶的电缆线端头露在接线盒外。

司机室吊装好后，连接地面配电柜与司机室的主电缆。连接司机室操纵台与电控柜的电缆线。

随着钢结构部件的安装，将可以进行连接的电缆线，逐一连接好。

由于塔式起重机的形式不同，电气系统的安装顺序有所不同，总的原则是尽量与钢结构部件安装交叉进行，又要考虑尽快接通电控柜，因为在钢结构安装时需要起升机构和回转机构配合运转。如条件还不具备，可以考虑接临时线。

三、塔式起重机电气系统调试

当电气系统外部接线全部接好后，就要进行调试工作。

1. 调试控制电路

先接通控制电路的电源，也可以将电动机制动器与电控柜的连线暂时不接，使操纵台只控制电控柜。按照电气原理图检查接触器自身的吸合是否正常，各个接触器吸合顺序是否符合要求。因为电控柜没有连接负载，所以可以非常从容地检查、调试。

按下总启动按钮开关，总电源控制接触器应该吸合，如不能吸合应检查相序保护继电器，一些相序保护继电器有红绿指示灯，红灯亮表示相序错误，绿灯亮表示相序正确。如果红灯亮，说明主电缆相序接反，调换相序即可解决。除了这个原因，还有操纵主令开关不在非工作状态，总停止开关没有复位（总停止开关不是自动复位的，需要手动）等，可以逐一检查处理。按下总停止按钮开关，总电源接触器释放。

（1）调试起升机构控制回路。按下总启动按钮开关，操纵主令开关，推向上升位置，上升接触器吸合，推向下降位置，下降接触器吸合。如方向相反，检查控制线是否接反。上升或下降接触器吸合的同时，低速接触器也应同时吸合。继续推向第二挡低速接触器释放中速接触器吸合，再推向第三挡，中速接触器释放，高速接触器吸合。接触器吸合顺序调试正确后，调整速度转换之间起延时作用的时间继电器，整定时间一般在 3～5 s，长点也无妨。

（2）调试变幅机构控制回路。变幅机构控制电路有点类似于起升机构，可以参照调整。

（3）调试回转机构控制回路。回转制动开关与回转操作主令开关是互锁的，因此合上回转制动开关，回转制动继电器吸合，同时操纵回转主令开关，应没有任何动作。关上回转制动开关，操纵回转主令开关，推向向左挡，向左接触器吸合，推向向右挡，向右接触器吸合，继续推向 2 挡、3 挡、4 挡，相应的电阻切除接触器依次吸合。如顺序不对，首先检查操纵台与电控柜的控制线连接是否出现错误。

2. 调整安全保护装置控制电路及辅助电路

（1）零位保护。先按下总停止按钮开关，让总电源控制接触器释放。将起升主令开关置于工作状态，再按下总启动按钮开关，总电源控制接触器不应吸合。如能吸合说明零位保护没有起作用，应检查零位触头是否串联进控制线路。回转、变幅主令开关也依次重复上述过程。

（2）过流、过载保护。按下总启动按钮开关，总接触器吸合。用绝缘起子轻轻按下过流继电器的微动开关，总接触器释放，松开过流继电器的微动开关，总接触器又吸合。热继电器的触头无法接触到，可以采用松开触头接线端子来试验。线松开后，总接触器不应吸合。

（3）重量限制器。将起升主令开关推向上升挡，上升接触器吸合。用手按下重量限制器上行程开关，重量限制控制继电器吸合，上升接触器释放。松开行程开关，上升接触器又重新吸合。

（4）力矩限制器。将起升主令开关推向上升挡，上升接触器吸合。同时将变幅主令开关推向向前挡，变幅向前接触器吸合。用手按下力矩限制器上的行程开关，力矩限制控制继电器释放，上升接触器和变幅向前接触器释放。松开力矩限制器上的行程开关，上升接触器和变幅向前接触器重新吸合。

（5）辅助电路。要是提供指示灯、照明灯、电笛、单相电源等，主要调试其功能是否正常，如电笛按钮按下，电笛鸣声是否正常响亮，若出现无声，要检查接线正确与否。若出现声音嘶哑，要调整电笛的振动膜间隙。指示灯在指示其内容时，是否发光，照明灯控制是否正常等。

3. 调整主回路及电动机

控制回路调试好后，可以接上主回路电源和电动机的连接电缆。

（1）调试主起升电动机。按下总启动按钮，接通电源。将起升主令开关推向上升低速挡，观察电动机运行情况有无异常。旋转的方向是否与主令开关的方向一致，如不一致就要调整电动机低速挡连接电缆相序。低速挡相序调整好后，将主令开关推向中速挡，观察中速挡旋转方向与低速挡是否一致，如出现不一致，调整中速挡连接电缆相序。中速挡调整好后，继续调整高速挡。直至三种速度旋转方向一致。

（2）调试变幅电动机。变幅电动机的调试与调试起升电动机方法基本相同。主要就是观察运转情况和旋转方向与主令开关的操作方向是否一致。

（3）调试回转电动机。回转电动机调试除了观察电动机的运行情况和旋转方向外，还要观察电动机启动过程切除启动电阻的情况，防止电阻器接线端子接错，发生电动机启动过程的速度跳跃现象。

经过以上几个步骤，整台塔式起重机电气系统的安装基本完成。

4. 塔式起重机安全装置的调试

塔式起重机在钢结构部分、电气系统、机械传动部分全部安装好后，还要对安全装置进行调试，因为安全装置的调试直接牵涉到电气控制，所以一般由电气专业操作人员来进行。

（1）变幅限位器的调试。这里以 DXZ—4 行程开关作变幅限位器为例介绍调试方法。DXZ—4 行程开关有四组控制触头，分别限制变幅小车低速前行、后行距离和变幅小车高速前行、后行距离。将变幅小车运行到距离起重臂前臂端防撞装置 0.5m 处停止运行，调节行程开关中控制变幅小车低速前行回路的触头调整凸轮，使限位器触头断开，这时变幅小车无法向前运行。将变幅小车向后运行几米，使控制向前运行的触头复位，重复向前运行几次，如果距离有变动，可重复细调，直至符合要求。再将变幅小车向后运行到距离起重臂前臂端 10 m 处停止，调节行程开关中控制变幅小车高速前行回路的触头调整凸轮，使限位器触头断开。这时变幅小车无法高速向前运行，只能低速向前运行。同样来回试验几次。再将变幅小车运行到距离起重臂后臂端防撞装置 0.5 m 处停止运行，调节行程开关中控制变幅小车低速后行回路的触头调整凸轮，使限位器触头断开，这时变幅小车无法向后运行。将变幅小车向前运行几米，使控制向后运行的触头复位，重复向后运行几次，如果距离有变动，可重复细调，直至符合要求。将变幅小车向前运行到距离起重臂后臂端 10 m 处停止，调节行程开关中控制变幅小车高速前行回路的触头调整凸轮，使限位器触头断开，小车无法高速向后运行。变幅小车限位器全部调整好以后，变幅小车在起重臂上全程运行试验 3 次，限位开关应该灵活可靠。

（2）回转限位器的调试。以采用 DXZ—4 行程开关回转限位器为例介绍调试方法。先将塔式起重机向左旋转一周半后停止，调节行程开关中控制向左回转回路的触头调整凸轮，使限位器触头断开，塔式起重机无法继续向左运行。再将回转向右运行三周后停止，调节行程开关中控制向右回转回路的触头调整凸轮，使限位器触头断开，塔式起重机无法继续向右运行。调整好后，重复试验三次，限位器灵敏可靠即可。

（3）起升高度限位器的调试。以 DXZ—4 行程开关作起升高度限位器为例介绍调试方法。将吊钩向上起升到距离起重臂（即吊钩装置顶部升至小车架下端的距离）0.8 m 停止。调节行程开关中控制起升向上回路的触头调整凸轮，使限位器触头断开，塔式起重机吊钩无法继续向上运行。有些塔式起重机还设有高速高度限位，限制高速起升距离。调整时将吊钩上升至距离起重臂 8～10 m 停止，调节行程开关中控制高速起升回路的触头调整凸轮，使限位器触头断开。调整好试验高度限位器，吊钩高速起升到距离起重臂小于 8～10 m 时，高速自动转换成低速，低速在继续起升到距离起重臂 0.8 m 时，吊钩停止上升。重复 3 次，应灵敏可靠。

（4）重量限制器的调试。重量限制器的形式有多种，但控制的原理是相同的，所以调试的方法基本相同。调整重量限制器和力矩限制器应准备砝码，但在施工现场不具备条件，可以就地取材，通过用磅秤称重来配置需要的重量，但不允许使用估算的方法。调整重量限制器的砝码重量分两组，一组重量等于该塔式起重机最大额定起重量（Q_m）。另一组重量为最大额定起重量的 0.01～0.03 倍（0.01～0.03 Q_m），视重量限制器的灵敏度而定，若灵敏度高可选轻点，若灵敏度低可选重点。两组砝码系钢丝绳时，轻的一组钢丝绳要比重的一组长 2～3 m，这样做是因为，吊钩起升后，重的一组砝码首先离地，继续上升 1～2 m，轻的一组砝码才离地，起到逐步加载的作用。调整时，吊钩先慢速起升至重的一组砝码离地，待砝码稳定后，调节重量限制器上的凸轮，调节到限制器上的行程开关或微动开关处于即将断开的临界状态。再继续低速起升吊钩至轻的一组砝码离地或即将离地，这时重量限制器应该动作，吊钩停止上升。如轻的一组砝码离地后吊钩还能上升，需重新调整。这个限位器的临界状态因物而异，要反复调整。调整中要注意几点，砝码离地后，一定要等稳定后调整，也就是说在静态下调整。调整好的重量限制器起升最大起重量时，不应动作，但由于起升不稳造成重物上下颠簸，重量限制器动作是正常的，因为在动态下处在超载的临界点。由于塔式起重机用到最大起重量的情况很少，从安全角度来说，重量限制器尽量调的小些，因为这样不影响正常使用，却对安全有利。

（5）力矩限制器的调试。力矩限制器的调试方法有定幅变码和定码变幅两种方法。在施工现场调试力矩限制器时，只需选择其中一种方法。

1）定幅变码调试。所谓定幅变码，是指调试时吊钩工作幅度不变，只改变砝码重量来进行调试。先查看该塔式起重机的起重性能表，找出最大工作幅度时的额定起重量（Q_0），准备一组相同重量的砝码（Q_0）和一组 0.1 倍的砝码（$0.1Q_0$）。在起重臂最大工作幅度处以最慢的工作速度起升这两组砝码，离地后停止起升，调整力矩限制器上的行程开关至断开，力矩报警铃响。放下砝码以正常速度起升额定重量砝码（Q_0），力矩限制器不应动作。再以最慢的工作速度起升这两组砝码（Q_0）+（$0.1Q_0$），力矩限制器动作，并报警。

再查出塔式起重机起升 0.7 倍最大额定起重量（$0.7Q_m$）时的相应幅度。准备（$0.7Q_m$）相同重量的砝码一组和该重量 0.1 倍的砝码一组，重复上面的试验。

2）定码变幅调试。所谓定码变幅，是指调试时砝码重量不变，而改变幅度来进行调试。查看塔式起重机的起重性能表，找出最大额定起重量（Q_m）的最大工作幅度（R_m）以及该幅度 1.1 倍值（$1.1R_m$），在塔式起重机的地面上做好标记。准备最大额定起重量（Q_m）相同的砝码，在小幅度处起升砝码，离地 1 m 处停止起升，待稳定后慢速向前变幅至（$1.1R_m$）处停止变幅。调整力矩限制器上的行程开关至断开。变幅小车回到小幅度处以正常速度向前变幅至最大工作幅度（R_m）处力矩限制器不应动作，再向前在小于（$1.1R_m$）处，力矩限制器应动作并报警。

再找出 0.3 倍最大额定起重量（$0.3Q_m$）时的最大工作幅度以及该幅度 1.1 倍值，在地面做好标记。重复上面的试验。

调试力矩限制器要注意的事项：

① 塔式起重机的工作幅度，应在空载时测定。

② 幅度与起重量的关系应以该塔式起重机的整机性能表为准。调试工作要细致，需反复多次才能达到要求。

③ 另外对于变幅小车最高速度超过 40 m/min 的塔式起重机，还要增加调试项目醒目。起升一组砝码，在该砝码的最大工作幅度的 0.8 倍处做好标记。变幅小车运行到 0.8 倍处，停止运行，调节力矩限制器上控制 80%力矩的行程开关，使其断开。然后变幅小车回到原位，以高于 40 m/min 速度向前变幅，在到达额定起重量的最大工作幅度的 0.8 倍处应自动转换为低于 40 m/min 的速度向前变幅。

第九章　塔式起重机基础

第一节　塔式起重机基础基本知识

塔式起重机基础是指承载塔式起重机整机重量传递塔式起重机运行各种作用力的设施。

一、塔式起重机基础分类

塔式起重机基础根据塔式起重机的种类可分为固定式、装配式、轨道式三种。塔式起重机基础分类形式如图 9-1 所示。

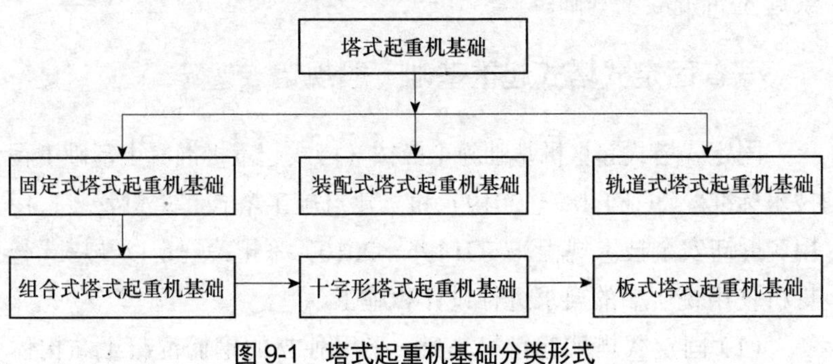

图 9-1　塔式起重机基础分类形式

二、塔式起重机基础施工步骤

塔式起重机基础施工步骤为：塔式起重机选型→现场布置→地基勘察→基础设计→基础施工→基础交验。

塔式起重机基础施工单位根据基础设计方案进行塔式起重机基础施工，基础施工必须达到设计要求，混凝土强度必须有检测报告。施工单位与塔式起重机安装单位进行交验，交验后双方签字认可后，塔式起重机安装单位进入塔式起重机安装程序。

第二节 固定式塔式起重机基础

《塔式起重机混凝土基础工程技术标准》（JGJ/T 187—2019）自 2019 年 11 月 1 日起实施。本标准适用于建筑工程施工固定式塔式起重机混凝土基础的设计、施工及质量验收。塔式起重机混凝土基础，用于安装固定塔式起重机，保障塔式起重机正常使用且传递其各种作用到地基的混凝土结构，包括组合式基础，简称塔式起重机混凝土基础。

一、固定式塔式起重基础一般规定

固定式塔式起重机基础施工应按《塔式起重机混凝土基础工程技术标准》（JGJ/T 187—2019）和《建筑施工塔式起重机安装、使用、拆卸安全技术规程》（JGJ 196—2010）等相关规定以及塔式起重机使用说明书的要求进行设计和施工。

（1）固定式塔式起重机基础。采用独立的钢筋混凝土结构体作为基础传递各种作用力到地基。固定式塔式起重机基础的结构形式有矩形（包括方形）板式和十字形式、桩基承台及组合式。

桩基承台一般采用钢筋混凝土结构，起承上传下的作用，把墩身荷载传到基桩上。承台的沉降问题非常重要。

（2）天然地基承台基础。上部结构之下、垫层之上的结构物称为承台基础，它是在垫层上施工形成的承托上部结构物的台状体。天然承台基础由素混凝土垫层、钢筋、预埋地脚、预埋马镫、防雷接地装置组成。塔式起重机天然地基承台基础如图 9-2 所示。

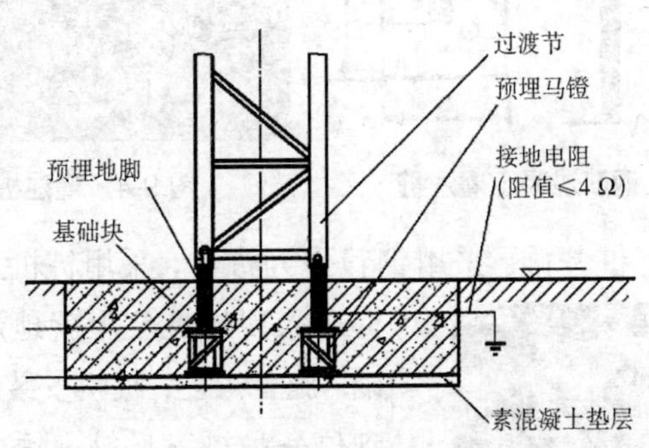

图 9-2　塔式起重机天然地基承台基础

（3）桩基承台基础。为承受、分布由墩身传递的荷载，在基桩顶部设置的联结各桩顶的钢筋混凝土平台。承台是桩与柱或墩联系部分，承台将几根，甚至十几根桩联系在一起形成桩基础。承台分为高桩承台和低桩承台。低桩承台一般埋在土中或部分埋进土中；高桩承台一般露出地面或水面。

（4）管桩基础，即预应力高强度混凝土管桩。采用先张预应力离心成型工艺，制成的一种空心圆筒型混凝土预制构件。标准节长为 10 m，直径为 300～800 mm，混凝土强度等级≥C80。

（5）钢筋混凝土灌注桩基础。直接在现场桩位上就地成孔，然后在孔内浇筑混凝土或安放钢筋笼再浇混凝土而成的桩基础。

灌注桩基础是靠桩头和桩身共同承担荷载的一种基础。灌注桩的施工工艺：钻孔→吊装钢筋笼→浇灌混凝土→抽出护筒成桩→处理桩头。钢筋混凝土灌注桩如图 9-3 所示，灌注桩施工如图 9-4 所示。

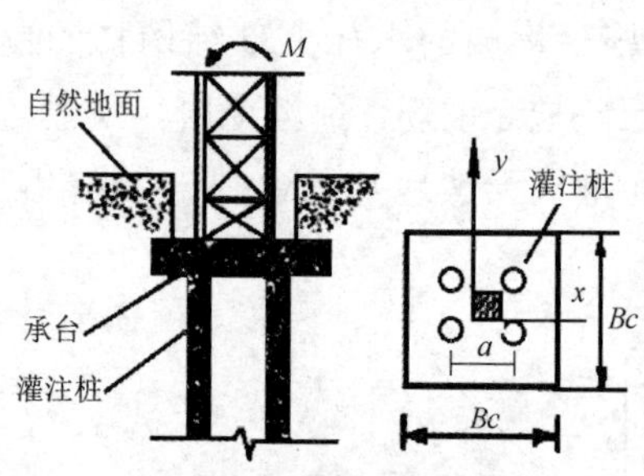

图 9-3 钢筋混凝土灌注桩

图 9-4 灌注桩施工

（6）钢管桩基础。采用钢管作为桩体，采用桩机直接将钢管桩压入现场桩位上就地形成桩基基础。施工工艺：桩机安装→桩机移动到位→吊桩→插桩→锤击下沉→接桩→锤击至设计深度→内切钢管桩→压力灌浆。为防止打桩过程中对临桩及围墙造成较大位移和变位，并使施工方便，一般采用先打中间后打外围（或先打中间后打两侧）。这样有利于减少挤土，满足设计对打桩入土深度的要求。钢管桩基础如图 9-5 所示。

图 9-5 钢管桩基础

二、固定式塔式起重机基础设计

（1）塔式起重机基础设计应依据三个要素，一是根据地质勘查报告确认的塔式起重机安装位置的地质条件及地基承载能力；二是该《塔式起重机使用说明书》规定的地基承载力要求；三是国家或行业对塔式起重机基础的规范要求。

（2）塔式起重机基础设计应满足三个条件，一是垂直荷载，塔式起重机作用在基础顶面上的垂直力和基础的重力；二是塔式起重机作用在基础顶面上的水平力；三是塔式起重机作用在基础顶面上的弯矩。

（3）塔式起重机基础设计应考虑两个环节，一是塔式起重机的自重和压重，以保持塔式起重机稳定性；二是风荷载、吊载和惯性力，以保持塔式起重机抗倾覆能力。

（4）塔式起重机的基础设计应满足以下要求：

1）塔式起重机的稳定性。塔式起重机稳定性系数应考虑塔式起重机的自重、基础重和平衡重所产生的保持塔式起重机稳定作用的力矩，稳定性系数随着工况的变化而变化，稳定性系数越大表示塔式起重机的稳定性越好。

2）基础的强度要求。塔式起重机基础应具有足够的强度，即能够随塔式起重机各种工况下作用于基础上的垂直力、水平力及倾覆力矩，设计塔式起重机基础时需要验算地脚螺栓、埋入基础内预埋铁件的强度及在基础内的锚固力等。

3）地基均匀沉降要求。塔式起重机基础在长时间的使用过程中所受的荷载一直在不断变化，如果地基不均匀沉降可导致塔式起重机垂直度偏差增大，影响塔式起重机的稳定性，设计时应考虑实地勘探和基础处理情况确定基础沉降均匀度，满足塔式起重机在各种不利工况下的稳定、可靠性。

第三节 板式和十字形基础

一、板式和十字形基础的一般规定

（1）混凝土基础的形式构造应根据《塔式起重机使用说明书》及现场工程地质等要求，选用板式基础或十字形式基础。

（2）确定基础底面尺寸和计算基础强度时，基底压力应符合《塔式起重机混凝土基础工程规程》（JGJ/T 187—2019）的规定；基础配筋应按受弯构件计算确定。

（3）基础埋置深度的确定应综合考虑工程地质、塔式起重机的荷载大小和相邻环境条件及地基土冻胀影响等因素。基础顶面标高不宜超出现场自然地面。冻土地区的基础应采取构造措施避免基底及基础侧面的土受冻胀作用。十字形塔式起重机基础如图9-6 所示，矩形板式塔式起重机基础如图 9-7 所示。

图 9-6 十字形塔式起重机基础

图 9-7 矩形板式塔式起重机基础

二、板式和十字形基础的构造要求

（1）基础高度应满足塔式起重机预埋件的抗拔要求，且不宜小于 1 200 mm，不宜采用坡形或台阶形截面的基础。

（2）基础的混凝土强度等级不应低于 C30，垫层混凝土强度等级不应低于 C20，混凝土垫层厚度不宜小于 100 mm。基础的配筋应符合《混凝土结构设计规范（2015 年版）》（GB 50010—2010）的规定，且板式基础最小配筋率不应小于 0.15%，梁式基础最小配筋率不应小于 0.20%。

（3）板式基础在基础表层和底层配置直径不应小于 12 mm、间距不应大于 200 mm 的钢筋，且上层和下层的主筋应用间距不大于 500 mm 的竖向构造钢筋连接；十字形基础主筋应按梁式配筋，主筋直径不应小于 12 mm，箍筋直径不应小于 8 mm，且间距不应大于 200 mm，侧向构造纵筋的直径不应小于 10 mm 且间距不应大于 200 mm。板式和十字形基础架立筋的截面积不宜小于受力筋截面积的一半。

（4）预埋于基础中的塔式起重机基础节锚栓或预埋节，应符合塔式起重机使用说明书规定的构造及材质要求，并应有支盘式锚固措施。

第四节 桩基础

一、桩基础一般规定

（1）当地基土为软弱土层，采用浅基础不能满足塔式起重机对地基承载力和变形的要求时，宜采用桩基础。

（2）基桩可采用预制混凝土桩、预应力混凝土管桩、混凝土灌注桩或钢管桩等，宜采用与工程桩同类型的基桩。当在软土中采用挤土桩时，应计入挤土效应的影响。

（3）桩端持力层宜选择中低压缩性的黏性土、中密或密实的砂土或粉土等承载力较高的土层。桩端全断面进入持力层的深度，对于黏性土、粉土不宜小于 2 *d*，对于砂土不宜小于 1.5 *d*，对于碎石类土不宜小于 1 *d*；当存在软弱下卧层时，桩端以下硬持力土层厚度不宜小于 3 *d*，并应验算下卧层的承载力，位于基坑边的塔式起重机基础基桩长度不宜小于邻近基坑围护桩的长度。*d* 为圆桩设计直径或方桩设计边长。

（4）桩基计算应包括桩顶作用效应计算、桩基竖向抗压及抗拔承载力计算、桩身承载力计算、桩承台计算等，可不计算桩基的沉降变形。

（5）桩基础设计应符合《建筑桩基技术规范》（JGJ 94—2008）的规定。

（6）当塔式起重机基础位于岩石地基时，可采用岩石锚杆基础。

二、桩基础构造要求

（1）桩基构造应符合《建筑桩基技术规范》（JGJ 94—2008）的规定。预埋件布置应符合塔式起重机使用说明书的要求。承台的混凝土强度等级不应小于 C30，混凝土灌注桩的强度等级不应小于 C25，混凝土预制桩的强度等级不应小于 C30，预应力混凝土桩的强度等级不应小于 C40。

（2）基桩钢筋的配置应符合计算和构造要求。纵向钢筋的最小配筋率，对于灌注桩宜为 0.20%～0.65%（小直径桩取高值）；对于预制桩不宜小于 0.8%；对于预应力混凝土管桩的预应力钢筋不宜小于 0.45%。纵向钢筋应沿桩周边均匀布置，其净距不应小于 60 mm，非预应力混凝土桩的纵向钢筋不应小于 8ϕ12。圆形截面桩的箍筋应采用螺旋式，直径不应小于 6 mm，间距宜为 200～300 mm。桩顶以下 5 倍基桩直径范围内的箍筋间距应加密，间距不应大于 100 mm。当基桩属抗拔桩或端承桩时，应等截面或变截面通常配筋。灌注桩混凝土保护层厚度不应小于 35 mm，水下灌注桩主筋的混凝土保护层厚度不应小于 50 mm，预制桩主筋的混凝土保护层厚度不应小于 30 mm。

（3）承台宜采用截面高度不变的矩形板式或十字形梁式承台，截面高度不宜小于 1 200 mm，且应满足塔式起重机使用说明书的要求。基桩宜均匀对称布置，且不宜少于 4 根，边桩中心至承台边缘的距离不应小于桩的直径或截面边长，且桩的外边缘至承台边缘的距离不应小于 250 mm。十字形梁式承台的节点处应采用加腋构造。

（4）板式承台基础上下面配筋应根据计算或构造要求确定，钢筋直径不应小于 12 mm，间距不应大于 200 mm，上下层钢筋之间应设置竖向架立筋，宜沿对角线配置暗梁。十字形承台应按两个方向的梁分别配筋，承受正负弯矩的主筋应按计算配置，箍筋直径不宜小于 8 mm，间距不宜大于 200 mm。

（5）当桩径小于 800 mm 时，基桩嵌入承台的长度不宜小于 50 mm；当桩径不小于 800 mm 时，基桩嵌入承台的长度不宜小于 100 mm。

（6）基桩主筋伸入承台基础的锚固长度不应小于 35 倍主筋直径，对于抗拔桩，桩顶主筋的锚固长度应按《混凝土结构设计规范（2015 年版）》（GB 50010—2010）的规定确定。对预应力混凝土管桩和钢管桩，宜采用植于桩芯混凝土不少于 6ϕ22 的主筋锚入承台基础。

第五节　组合式塔式起重机基础

组合式基础是由若干格构式钢柱或钢管柱（以下简称钢立柱）与其下端连接的基桩及上端连接的混凝土承台或型钢平台组成的基础。

一、组合式基础一般规定

（1）当塔式起重机安装于地下室基坑中时，根据地下室结构设计、围护结构的布置和工程地质条件及施工方便的要求，塔式起重机基础（承台）可设置于地下室底板下、顶板上或底板至顶板之间。

（2）组合式基础可由混凝土承台或型钢平台、格构式钢柱或钢管柱、型钢剪力撑及灌注桩或钢管桩等组成。格构式钢柱组合式基础如图 9-8 所示，深基坑桩基承台组合基础如图 9-9 所示。

图 9-8　格构式钢柱组合式基础

图 9-9　深基坑桩基承台组合基础

（3）混凝土承台、基桩设计应符合《塔式起重机混凝土基础工程规程》（JGJ/T 187—2019）第 6 章桩基础的规定。

（4）型钢平台的设计应符合《钢结构设计规范》（GB 50017—2017）的有关规定，型钢平台与钢立柱的连接强度不应低于钢立柱自身强度。

（5）钢立柱的轴线应与下端的灌注桩轴线重合，灌注桩的最小中心距应符合《建筑桩基技术规范》（JGJ 94—2008）的规定。

（6）塔式起重机基础在地下室中的基桩宜避开底板的基础梁、承台及后浇带或加强带。承台及钢立柱应避开基坑支护结构，钢立柱应避开楼层的梁及竖向构件。

（7）应随着基坑土方的分层开挖，及时在钢立柱外侧四周设置竖向型钢剪力撑，型钢剪力撑的构造要求应符合《塔式起重机混凝土基础工程规程》（JGJ/T 187—2019）的规定。钢立柱在连接型钢剪力撑的节点处，宜设置横隔板，且应放大连接型钢剪力撑的节点缀板。

组合式塔式起重机基础立面如图 9-10 所示。

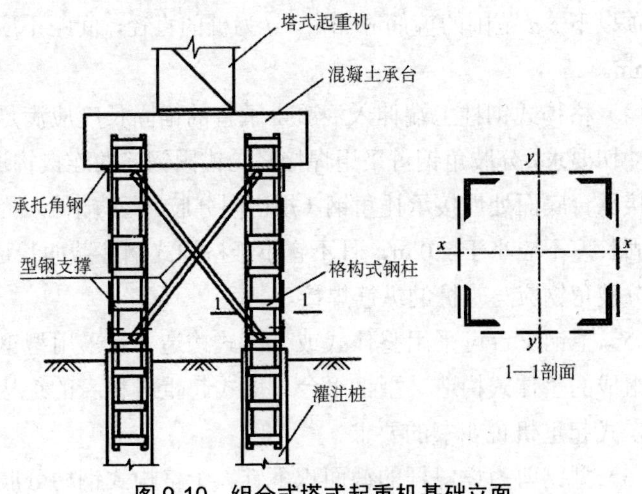

图 9-10　组合式塔式起重机基础立面

二、组合式基础构造

（1）混凝土承台构造应符合《建筑桩基技术规范》（JGJ 94—2008）及《塔式起重机混凝土基础工程规程》（JGJ/T 187—2019）的规定。

（2）格构式钢柱的布置应与下端的基桩轴线重合，且宜采用焊接四肢组合式对称构件，截面轮廓尺寸不宜小于 400 mm×400 mm，分肢宜采用等边角钢，且不宜小于 L100 mm×10 mm；缀件宜采用缀板式。格构式钢柱宜伸入承台厚度的中心。格构式钢柱的构造和分肢角钢的接长要求应符合《钢结构设计规程》（GB 50017—2017）的规定，其中缀件的构造应符合《塔式起重机混凝土基础工程技术规程》（JGJ/T 187—2019）的规定。

（3）灌注桩的构造应符合《建筑桩基技术规程》（JGJ 94—2008）的规定和《塔式起重机混凝土基础工程规程》（JGJ/T 187—2019）的规定，其直径不宜小于 700 mm，且截面尺寸应满足格构式钢柱插入基桩钢筋笼的要求。灌注桩在格构式钢柱插入部位和桩顶以下 5 *d* 范围的箍筋应加密，*d* 为桩的直径，间距不应大于 100 mm。

（4）格构式钢柱上端伸入混凝土承台的锚固长度应满足抗拔和抗冲切要求，分肢角钢可采用焊接竖向锚固钢筋的连接构造，宜在邻接承台底面处焊接承托角钢（规格同分肢），下端伸入灌注桩的锚固长度不应小于 2.0 m，且不宜小于格构式钢柱截面长边的 5 倍，分肢角钢应与基桩的纵筋焊接。

（5）型钢平台可采用整体式或分离式构造。宜采用型钢和厚钢板组成的整体式构造。型钢平台与塔式起重机机身的连接，应符合塔式起重机说明书的要求。

（6）型钢剪力撑斜杆的截面积不宜大于格构式钢柱分肢的截

面积，剪力撑斜杆的夹角宜按45°～60°布置，与钢柱分肢及缀件的连接焊缝厚度不宜小于6 mm，绕角焊缝长度不宜小于200 mm。当格构式钢柱的净长度超过4.5 m时，应设置水平型钢剪力撑，水平剪力撑的竖向间距不应超过4 m，其构造要求同竖向型钢剪力撑。格构式钢柱连接水平型钢剪力撑的节点处宜设置横隔板。采用方钢做剪力撑的构造要求应符合《建筑施工塔式起重机安装、使用、拆卸安全技术规程》（JGJ 196—2010）的有关规定。

第六节　轨道式塔式起重机基础

一、塔式起重机轨道基础分类

轨道式塔式起重机基础是专为行走在轨道上的塔式起重机而提供的一种基础。

二、轨道铺设前的准备

轨道式塔式起重机基础铺设前应了解现场情况，如路基周围的排水、建筑物体、暗沟、防空洞等，绘出建筑物与路基平面图，地基承压能力应符合塔式起重机使用说明书的要求，若达不到设计要求时，应采取加固措施。轨道式塔式起重机基础如图9-11所示。

图9-11　轨道式塔式起重机基础

三、轨道钢轨敷设

（1）塔式起重机轨道应通过垫块与轨枕可靠连接，每间隔 6 m 应设轨距拉杆一个，使用过程中轨道不得移动。

（2）钢轨接头处应有轨枕支撑，不得悬空。使用过程中轨道不得移动。

（3）轨距允许偏差为公称值的 1/1 000，其绝对值不大于 6 mm。

（4）钢轨接头处间隙不大于 4 mm，与另一侧钢轨接头的错开距离不小于 1.5 m，接头处两轨顶高度差不大于 2 mm。

（5）塔式起重机轨道安装后，应对轨道间隙地基承载能力进行检验，符合使用说明书规定的技术条件后，方可进行塔式起重机安装。

（6）塔式起重机安装后，轨道顶纵、横方向上的倾斜度对于上回转塔式起重机应不得大于 3/1 000；对于下回转塔式起重机应不得大于 5/1 000；在轨道的全程中，轨道顶面任意两点的高度差应小于 100 mm。

（7）轨道行程两端的轨顶高度不低于其余部位中最高点的轨顶高度。

（8）塔式起重机轨道基础两旁、混凝土基础周围应修筑边坡和排水设施，并应与基坑保持一定的安全距离。

（9）塔式起重机金属结构、轨道应有可靠的接地装置，接地电阻不大于 4 Ω。若多处重复接地，其接地电阻不大于 10 Ω。

（10）距轨道终端 1 m 处必须设置缓冲止挡器，在距轨道终端 2 m 处必须设置限位开关。

第十章　塔式起重机安装与拆卸

第一节　塔式起重机安装前的准备工作

一、安装前的准备

（1）进场验证，包括实体和资料两个方面。塔式起重机进场后，安装前先做实体检查验证。对塔式起重机租赁单位提供的特种设备制造许可证、产品合格证、备案证明和塔式起重机安装使用说明书进行验证。

（2）安装施工方案。根据《危险性较大的分部分项工程安全管理规定》（住建部令　第 37 号）的规定，塔式起重机安装和拆卸属于危险性较大的施工项目，安装前应当编制《塔式起重机安装专项施工方案》和《塔式起重机安装专项应急预案》。

（3）塔式起重机基础施工及验证。安装前安装单位与塔式起重机基础施工单位办理验证交接手续，对于塔式起重机基础存在缺陷或影响后期附着装置的安装，应当明确双方后期处置的职责；塔式起重机基础平整度应控制在 1/1 000 以内，对于塔式起重机基础平整度偏差超标的，应当明确采取纠正措施的责任单位；对于塔式起重机基础混凝土强度达不到规定要求的，安装单位不得强行安装。

（4）履行安装告知手续。塔式起重机使用单位在建筑起重机械首次安装前，应当持建筑起重机械特种设备制造许可证、产品合格证到本单位工商注册所在地县级以上地方人民政府建设主管部门办理备案（安装告知）。

（5）起重设备准备。根据专项方案确定的塔式起重机安装辅助起重机，起重机的性能及吊装能力必须符合吊装要求；安装单位负责对其进行合法性和合规性验证，包括起重机的检验有效性、起重机性能的符合性、安全装置的可靠性、起重机保险认购的有效性；起重机司机驾驶证和安全操作证的有效性。安装 QTZ80 系列塔式起重机，可选用一台 25～35 t 汽车式起重机作为塔式起重机安装的主吊起重机，一台 16 t 汽车式起重机作为塔式起重机安装的辅助起重机。汽车式起重机如图 10-1 所示。

图 10-1 汽车式起重机

（6）起重工机具准备：塔式起重机安装前应配备必要的起重工机具，包括：

1）起重设备：汽车式起重机、捯链、千斤顶等。

2）起重工具：各种起重钢丝绳、白棕绳、卸扣、绳卡、枕木等。

3）安装工具：活动扳手、梅花与开口扳手、扭力扳手、撬棍、榔头等。

4）调试仪器：经纬仪、水平仪、电阻测试仪、万用表等。

5）辅助器具：电工工具、警示标识、警戒设施等。

6）安全防护用品：工作服、安全带、安全帽、登高安全鞋。

（7）安装现场条件准备：包括塔式起重机进场道路铺设与平整，清除障碍物；塔式起重机的地基承载可靠性和回转半径的障碍清除；设置安全警戒绳和危险源告知牌，指定专人负责。安装单位技术负责人应对塔式起重机安装作业人员进行安装专项施工方案交底；安全监管人员应对安装人员进行危险源告知及紧急避险保护交底；质量员应当对安装的螺栓及销进行浸油除锈处理，塔式起重机安装的混凝土基础平整度纠偏后的验证确认；明确起重吊装的信号指挥人员。

二、安装前检查与确认

安装前检查与确认是指对即将安装的塔式起重机实体状况进行安全性的检查与确认，检查与确认由施工项目总承包单位组织塔式起重机使用单位、塔式起重机安装单位、监理单位的技术、施工、安全管理人员参加。对检查中发现的缺陷应进行维修消缺，确认其符合安全要求后方准进行安装，检查和确认可依照表 10-1 进行。

表 10-1　塔式起重机安装前检查和确认表

工程名称		工程地址	
设备编号		塔式起重机型号	
生产厂家		安装高度	

序号	项目	要求	检查记录
1	基础、路基	基础隐蔽工程验收资料齐全、有效	
2	金属结构	钢结构齐全，无变形、开焊、裂纹现象，结构表面无严重锈蚀，油漆无大面积脱落	
3	传动结构	减速机、卷扬机、制动器、回转机构部件齐全、工作正常	
4	钢丝绳	完好、无断股，断丝不超过规范要求	

续表

续表

序号	项目	要求	检查记录
5	吊钩	无裂纹、变形、严重磨损，钩身无补焊、钻孔现象	
6	钢丝绳绳夹	绳夹、楔块固结正确	
7	滑轮	外形完好，无裂纹、破损，轮槽是否有不均匀磨损；转动灵活，尺寸符合要求；防脱绳装置符合要求	
8	液压系统	油缸及泵站有无渗漏，油箱油量、油质符合要求，各阀门、油管、接头完好，油路无泄漏、阻塞现象	
9	电气系统	配电箱、电缆无破损，控制开关等电气元件无损坏、丢失	
10	安全装置	齐全、可靠、有效、完好	
11	连接紧固件	连接紧固件规格正确、数量齐全，没有锈蚀和损坏	
12	润滑	变速箱润滑油量、油质符合要求；各润滑点油嘴、油杯齐全、完好，润滑到位	

自检结论：

自检人员：　　　　　　　　单位或项目技术负责人：

年　月　日

第二节　塔式起重机安装

一、安装顺序

塔式起重机的安装顺序一般为：底架→基础节→标准节→套架（爬架）→回转机构、上支座、回转支承及下支座（在地面组装后，整体吊装）→塔顶→平衡臂→平衡臂拉杆→部分平衡重→（一般1～2块）→司机室→起重臂及起重臂拉杆→其余6块平衡重→电线接入→穿绕钢丝绳→顶升加节→斜撑→顶升加节→整机的性能测试与验收→附着框架。

二、安装步骤

1. 安装底架并校平

在平整的塔式起重机基础上，组装底架：先将底架整梁和底架半梁分别放入已预埋好的两排地脚螺栓中间，用高强度螺栓通过上下连接板把底架半梁和底架整梁连接起来，再用侧面连接板将底架半径整梁加固连接（小型塔式起重机可能没有侧面连接板），属于十字梁式的底架，如图10-2所示。

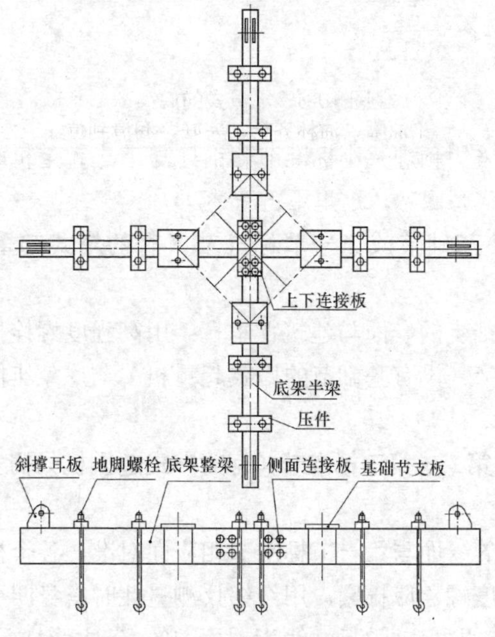

图10-2 十字梁式的底架

也有其他的塔式起重机底架形式，水母式的底架如图 10-3 所示，组装和安装方式与十字梁底架相似。

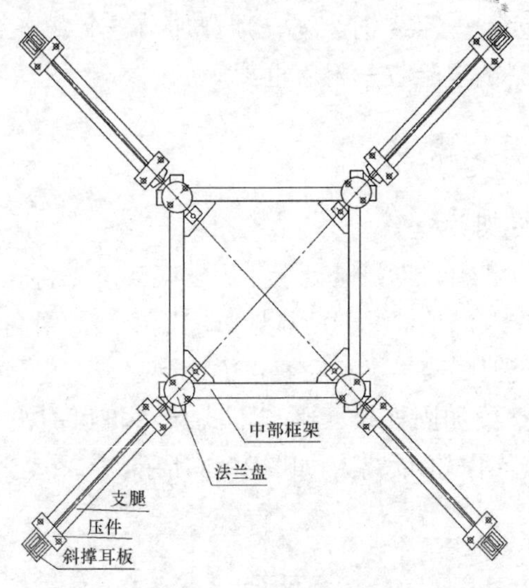

图 10-3　水母式的底架

还有的采用预埋式小标准节和锚柱与塔式起重机基础节或标准节相连来代替底架，这里不再叙述。

2. 安装基础节或第一节标准节（有的塔式起重机没有基础节）

要使有踏步的一面与建筑物垂直；用高强度螺栓把基础节或第一节标准节（没有基础节的塔式起重机）与底架牢固相连，如图 10-4 所示。

3. 安装第二、第三标准节（有的塔式起重机只需安装到第二节标准节）

有踏步的一面与第一节标准节相应面对准，各个标准节之间相连的高强度螺栓应拧紧。用经纬仪测量此时塔身四个方向的垂直度，各方向的主弦杆的垂直度不大于 1‰，若主弦杆不符合要求，应在此主弦杆与底架的基础节支板之间垫入相应厚度的垫片，垫片尺寸为 120 mm×120 mm。第二标准节和第三标准节安装如图 10-5 所示。

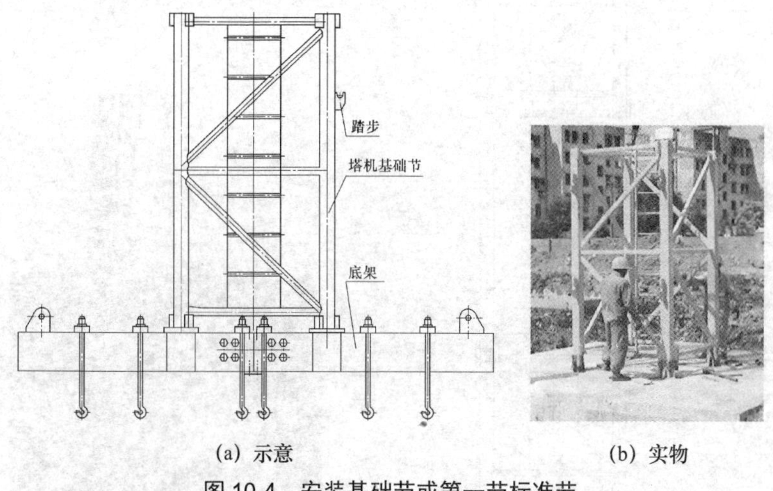

(a) 示意　　(b) 实物

图 10-4　安装基础节或第一节标准节

4. 安装套架

为了便于运输，套架的走台、走台栏杆、导轮架、顶升系统与套架结构装配好后，整体吊起套入安装好的标准节上。套入标准节时应特别注意：有油缸一面必须对准塔身有踏步的一面。然后调整每个导轮架与塔身主弦杆的距离，应保证在 3～5 mm，套架（爬架）安装如图 10-6 所示。

5. 安装上下支座、回转机构、回转支承

在地面先将下支座与回转支承用高强度螺栓连接起来，再将上支座与回转支承用高强度螺栓连接起来，这样上下支座与回转支承连成一整体，最后将两个回转机构（有的塔式起重机只有一个回转机构）与上支座相连，如图 10-7 所示。安装好以后，用汽车

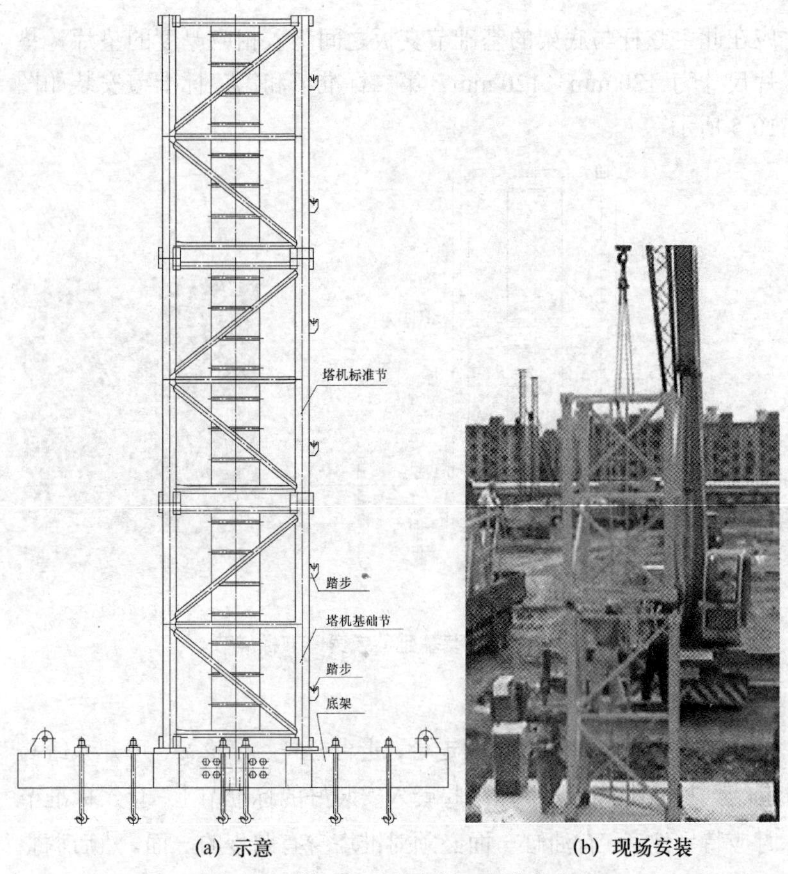

（a）示意　　（b）现场安装

图 10-5　第二标准节和第三标准节安装

吊整体吊起，用销轴将下支座支腿与套架最上面的接头相连，穿过每个销轴的开口销张开的角度不小于 90°。同时把下支座与标准节用高强度螺栓连接起来并拧紧，如图 10-8 所示。安装、调整回转机构时，应保证回转机构与行星减速器的中心线与回转支承大齿轮圈的中心线平行，回转小齿轮与大齿轮圈的啮合面不小于 70%，啮合间隙要适中。

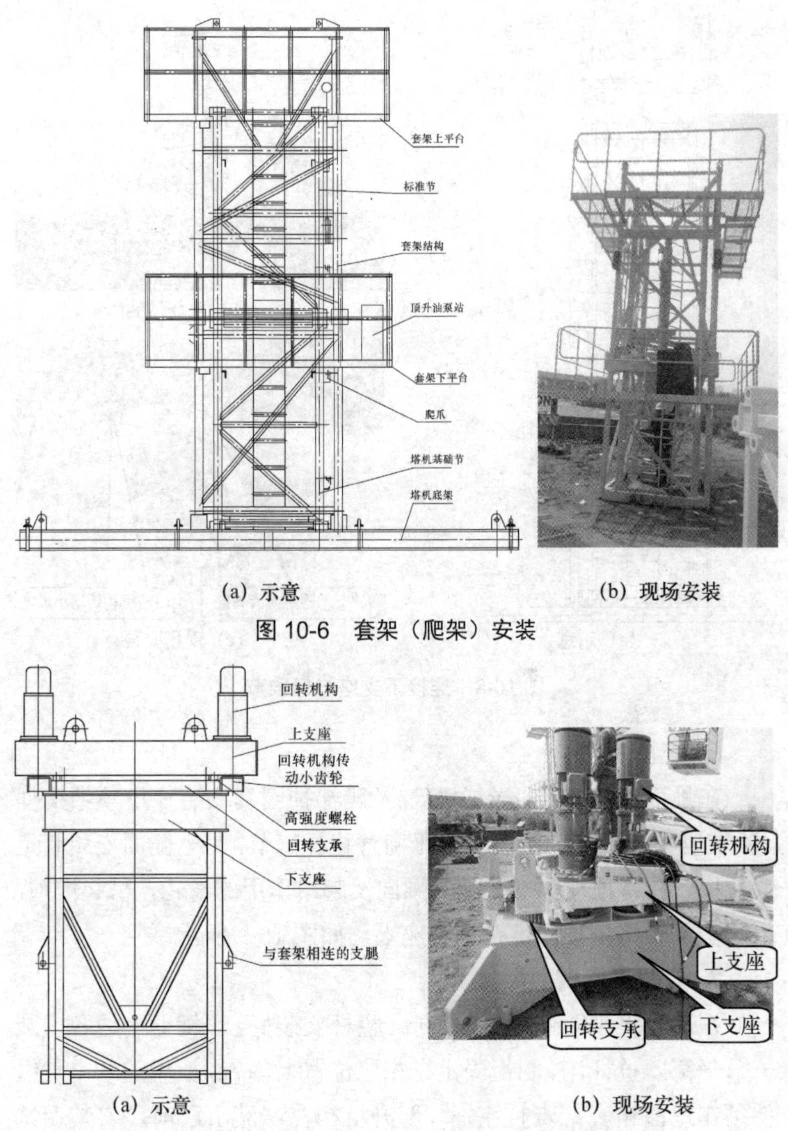

(a) 示意　　(b) 现场安装

图 10-6　套架（爬架）安装

(a) 示意　　(b) 现场安装

图 10-7　安装上下支座、回转机构、回转支承

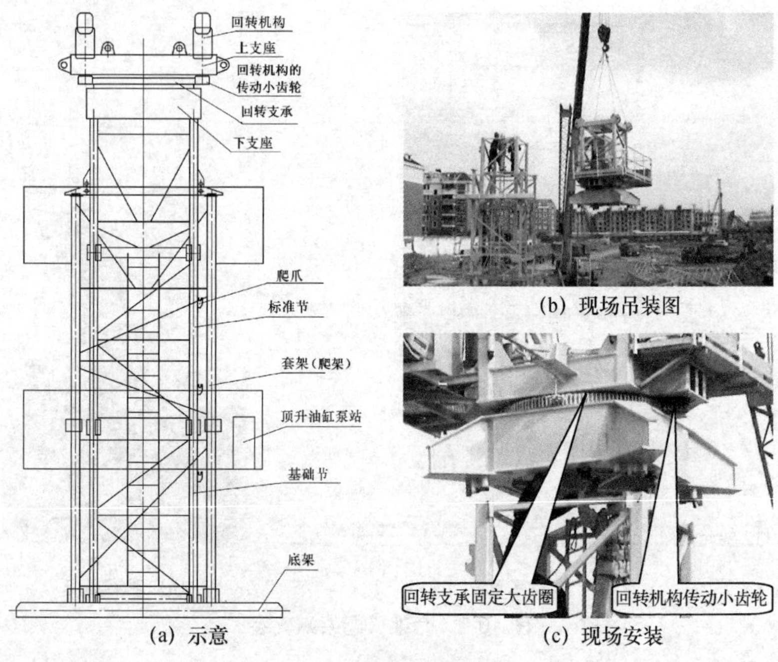

(a) 示意　(b) 现场吊装图　(c) 现场安装

图 10-8　连接下支座与标准节

6. 安装塔顶

在地面上把安装平台、爬梯及爬梯护圈套安装在塔顶结构件上；在塔顶一侧的两边各装上平衡臂拉杆二节，另一侧面安装起重臂拉板，在塔顶顶部安装起升导向及起吊作用的滑轮，吊起塔顶，用四个销轴将塔顶固定在上支座上，如图 10-9 所示。

7. 安装平衡臂

在地面将平衡臂所有的走台、栏杆安装好，平衡臂两边各安装一节平衡臂拉杆，控制柜固定在相应位置上，控制柜里的各电气组件须在地面认真检查且完好（起升机构在产品出厂前已安装调试好，塔式起重机拆卸转移工地时，也不必拆除）。各部件装成整体

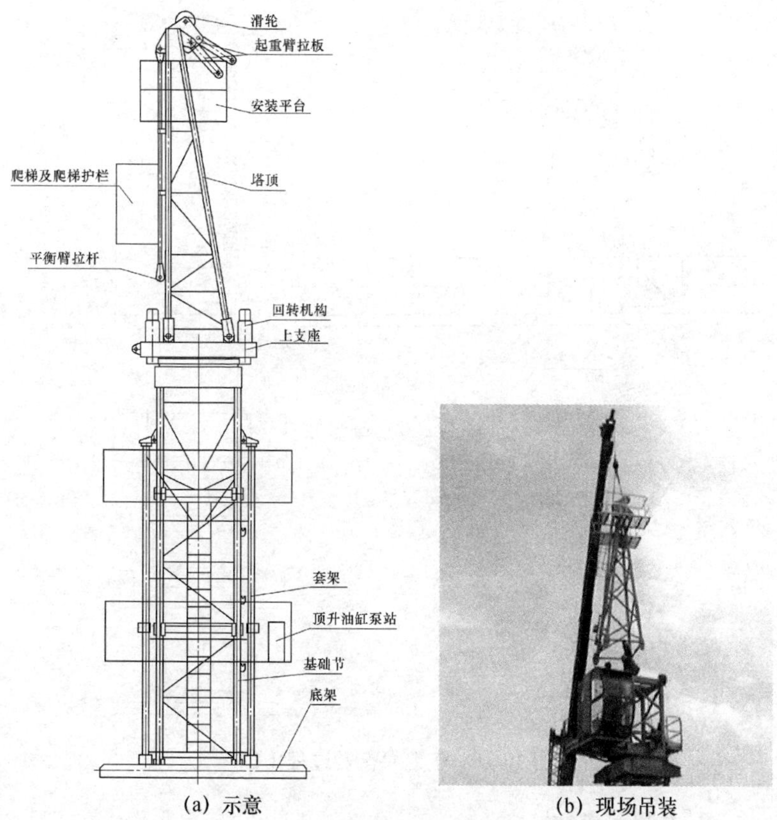

(a) 示意　　(b) 现场吊装

图 10-9　安装塔顶

后，钢丝绳穿过平衡臂上的 4 个起重吊耳，整体平稳吊起后，用销轴与上支座相连接，如图 10-10 所示。收缩钢丝绳，使平衡臂上翘，上翘至平衡臂的平衡臂拉杆与安装在塔顶上的平衡臂拉杆能够相连，用销轴连接好后，缓慢放下平衡臂，卸下钢丝绳，此时平衡臂处于略微上翘状态，依次吊 1～2 块平衡重（按塔式起重机说明书的要求）放在平衡臂尾部中间规定位置，如图 10-11 和图 10-12 所示。

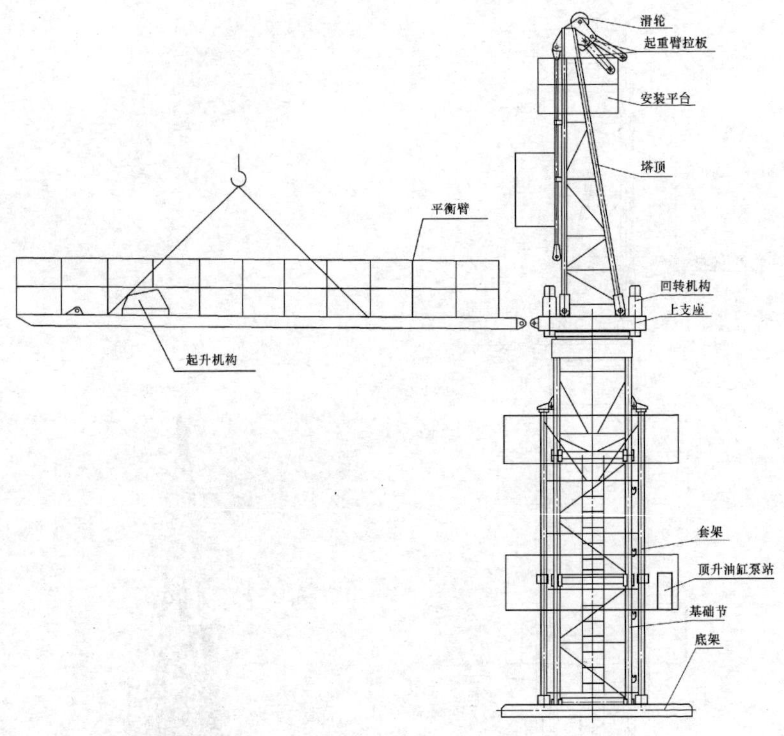

图 10-10　安装平衡臂过程（1）

8. 安装司机室

在地面，将司机室的各电气组件检查好后，把司机室吊起放到上支座平台相应位置，用销轴将上支座平台与司机室牢固相连，然后电工接通电气线路。安装空调器的司机室，在运输和安装拆卸时，必须小心，防止空调器与其他物体发生碰撞。

9. 安装起重臂及起重臂拉杆

（1）在 1 m 左右高的支架上组装起重臂，每节起重臂都有各自的序号，须按序号将起重臂组装起来，在安装完第一节和第二节起重臂后，装上载重小车与吊篮并把它们固定在起重臂根部，如图 10-13 所示。

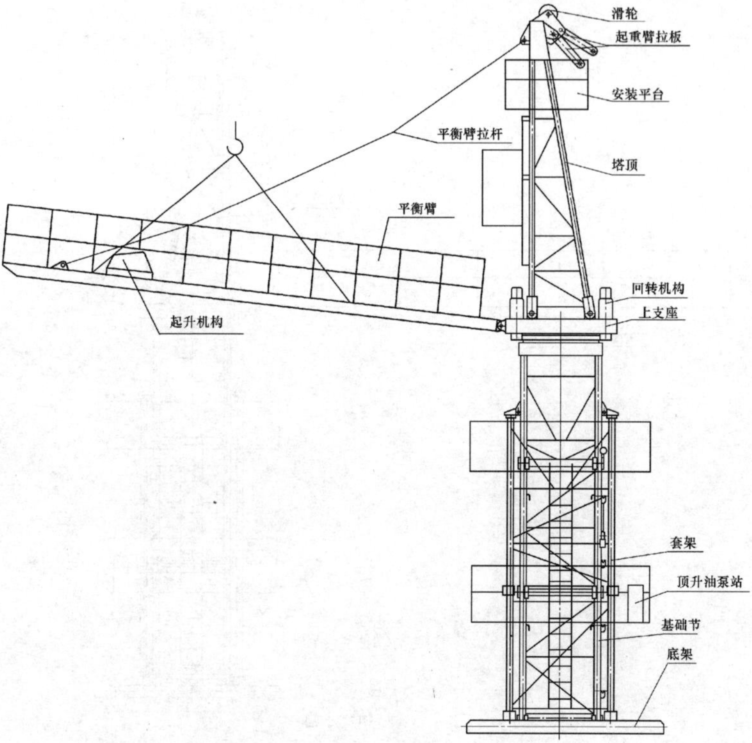

滑轮
起重臂拉板
安装平台
平衡臂拉杆
塔顶
平衡臂
回转机构
上支座
起升机构
套架
顶升油泵站
基础节
底架

(a) 示意

(b) 现场安装

图 10-11　安装平衡臂过程（2）

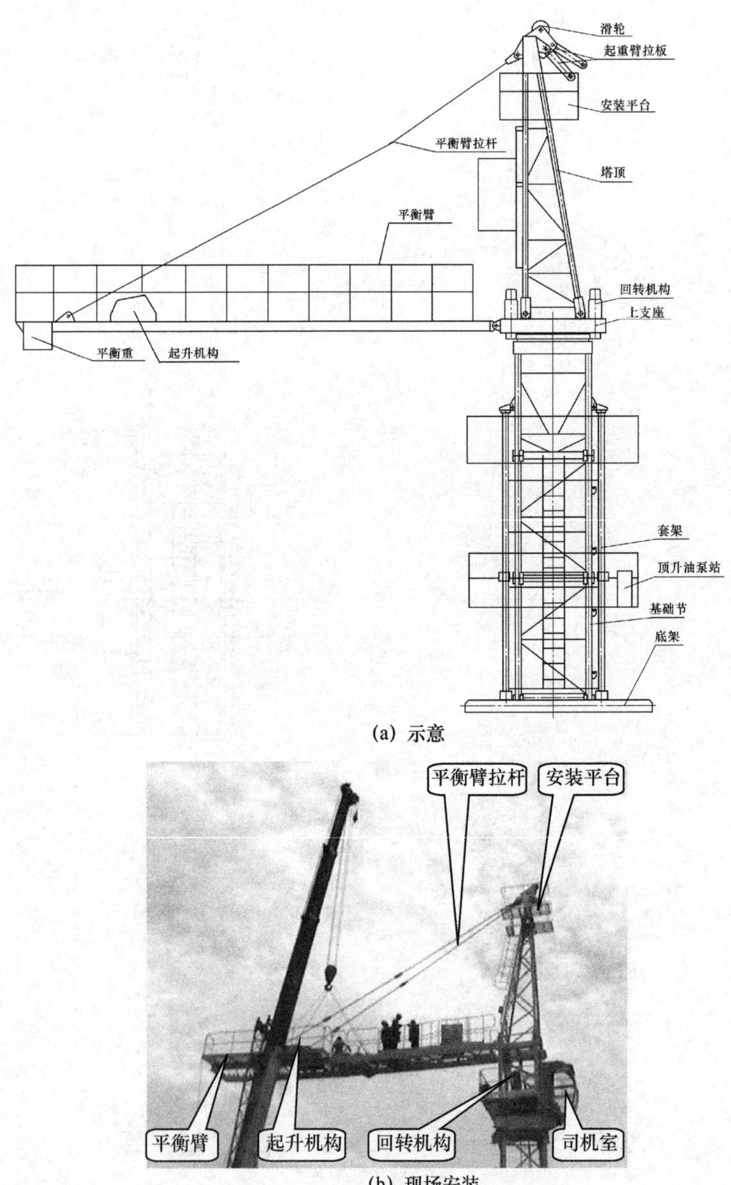

(a) 示意

(b) 现场安装

图 10-12　安装平衡臂过程（3）

（2）安装变幅机构（变幅机构一般在产品出厂前已安装好，塔式起重机拆卸转移工地时，也不拆除），如图 10-13 所示。

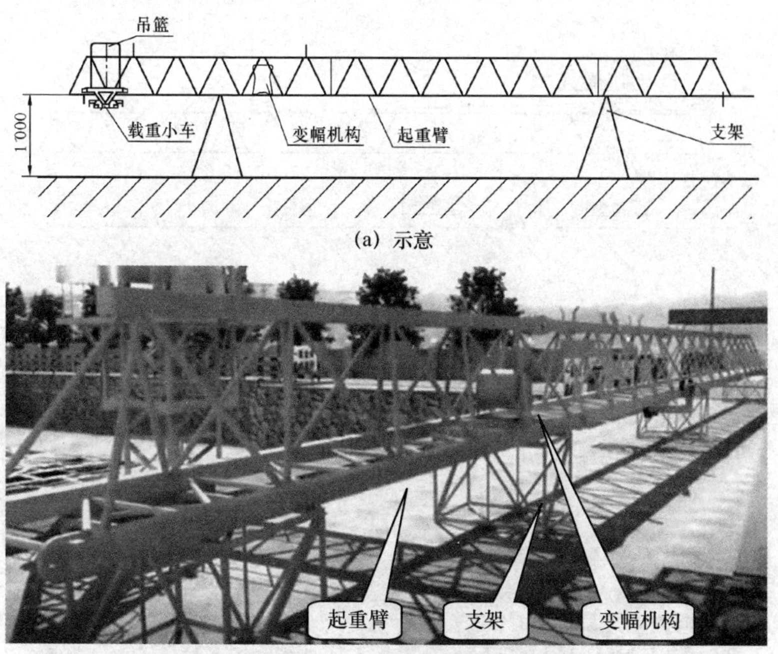

(a) 示意

(b) 现场组装

图 10-13　安装起重臂及起重臂拉杆（1）

（3）组装起重臂拉杆，按照塔式起重机生产厂家的《塔式起重机使用说明书》所示，组装起重臂拉杆，把起重臂拉杆和上弦杆用销轴在吊点处联结起来，并将拉杆固定在上弦杆的拉杆支架上，如图 10-14 所示。

（4）用汽车起重机把起重臂整体、平稳地吊起，使起重臂根部下弦杆接头慢慢靠近上支座连接耳板，对准好相连接孔中心位置，用销轴将起重臂与上支座相连，如图 10-15 所示。

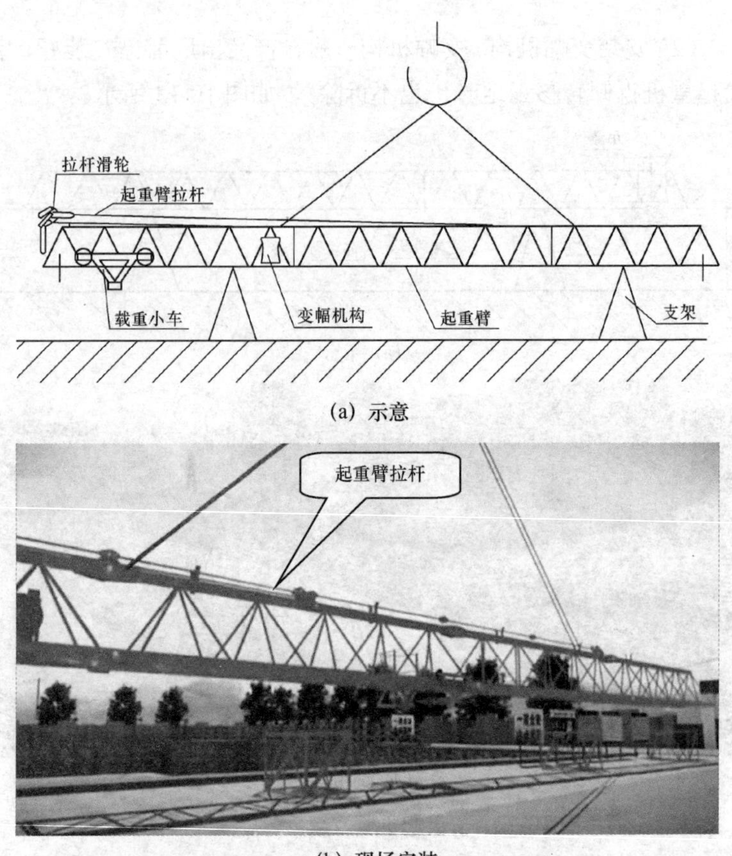

(a) 示意

(b) 现场安装

图 10-14　安装起重臂及起重臂拉杆（2）

（5）引出起升机构卷筒上的钢丝绳，绕过塔顶滑轮和起重臂拉杆上的滑轮组后，将钢丝绳固定在塔顶大耳板下方，这样开动起升机构（慢就位挡），可使钢丝绳收缩到卷筒上，从而拉起整个拉杆组，同时继续提升起重臂使之上仰，到塔顶上拉杆与后拉杆能够用销轴相连时，停止收缩钢丝绳和提升起重臂，先将短拉杆和塔顶相连。用上述方法，点动起升机构，收缩钢丝绳，调整长拉杆高度，把长拉杆与塔顶相连，如图 10-16 所示。

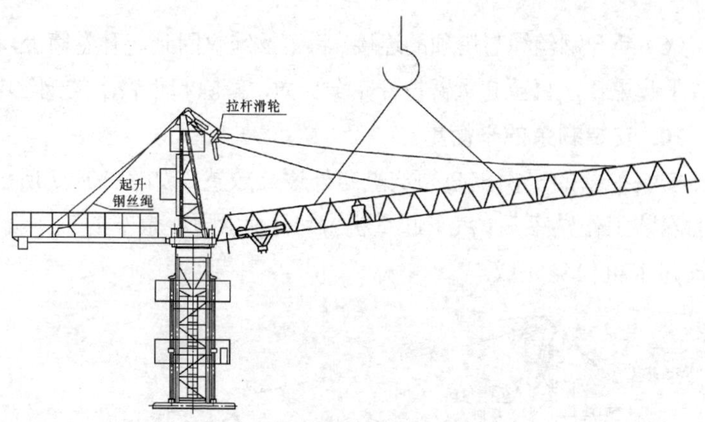

图 10-15　安装起重臂及起重臂拉杆（3）

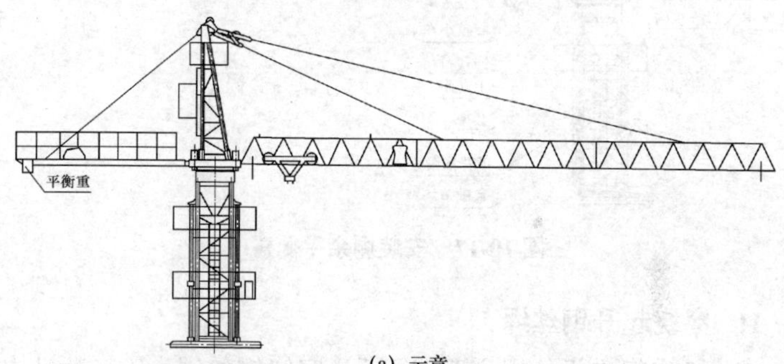

(a) 示意

(b) 现场安装

图 10-16　安装起重臂及起重臂拉杆（4）

（6）断开钢丝绳与塔顶的连接，将钢丝绳收回到起升卷筒上，缓慢放平起重臂，直至起重臂拉杆完全受力，解除起重臂上的钢丝绳。

10. 安装剩余的平衡重

安装剩余的平衡重必须从里向外逐一放置，如图 10-17 所示。以上安装工作结束后，汽车起重机就可不使用了，余下的工作就由塔式起重机自身完成。

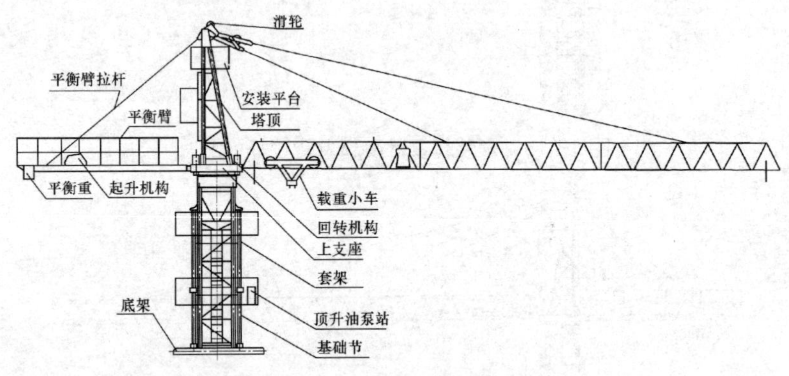

图 10-17　安装剩余平衡重

11. 穿绕起升钢丝绳

按《塔式起重机使用说明书》所示穿绕钢丝绳。从起升机构的卷筒引出钢丝绳，经塔顶天轮、重量限制器滑轮、小车滑轮组、吊钩滑轮组、小车滑轮组，最后固定在起重臂端部的钢丝绳防扭装置上，如图 10-18 所示。

12. 穿绕并张紧变幅钢丝绳

按《塔式起重机使用说明书》所示穿绕变幅钢丝绳。

变幅钢丝绳共有两根，绳 1 从变幅卷筒引出，经起重臂根部两个过渡滑轮回至变幅小车固定；绳 2 从变幅卷筒引出，经起重臂上弦杆两个过渡轮、起重臂端部过渡滑轮回至变幅小车上的棘轮固定，如图 10-19 所示。

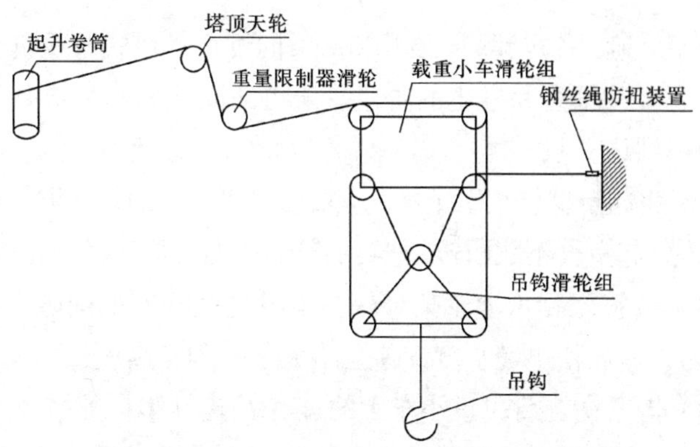

图 10-18　穿绕起升钢丝绳

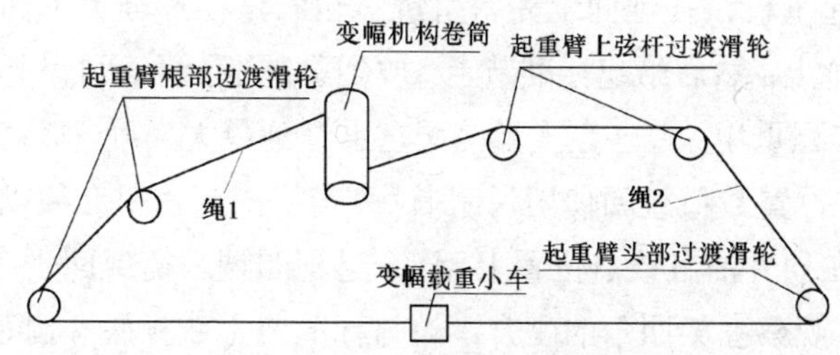

图 10-19　穿绕并张紧变幅钢丝绳

张紧钢丝绳：将载重小车开到起重臂根部，松开变幅小车上的棘爪，使棘爪脱离棘轮槽，转动带有棘轮的小储绳卷筒，调整变幅钢丝绳至松紧适中状态，再使棘爪插入棘轮槽里并固定，这样就张紧钢丝绳了。

13. 引进横梁的安装

把引进横梁（一般是由工字钢制成的）吊起，安装在下支座相应的耳板上。有的塔式起重机在套架上设计了引进平台，就不需要引进横梁和与之配套的引进小车了。

14. 顶升、加节标准节

顶升、加节标准节的过程并不复杂，但必须认真、细心、每个人要分工明确，各司其职。顶升和降节的过程是塔式起重机安装拆卸过程中事故很容易发生的阶段，所有的安装拆卸人员必须要清醒地认识到这一点。

（1）将起重臂转至引进横梁（或引进平台）的正上方，并制动回转机构，起重臂不能回转。把要加节的标准节依次排在起重臂下。

（2）调整好爬爪滚轮架导轮与塔身主弦杆间的间隙，以3～5 mm为宜，放松电缆长度，使之略大于总爬升高度。

（3）调平衡。将引进小车上的4个吊钩挂牢标准节4个角上的挂钩，吊起标准节，把引进小车钩入到引进横梁里。有引进平台的塔式起重机，在地面上先将引进滚轮固定在标准节下部横腹杆的四个角上，然后吊起标准节上，放到引进平台上。再吊起一个标准节（作配重用）或一定重量的配重上升到最大高度，移动小车位置，具体位置数值查阅使用说明书，使得塔式起重机套架以上部分重心落在顶升油缸铰点位置上，这个过程叫调平衡或配平。在实际操作中，观察套架四角的爬升滚轮与标准节主弦杆脱开，间隙也比较接近时，即为比较理想状态。

（4）卸下下支座与标准节相连的8个连接螺栓，并检查爬爪是否影响爬升。

（5）顶升。将顶升横梁支承在踏步上，开动液压系统，使活塞杆伸出50 cm，检查顶升液压系统是否正常，对调平衡进行进一步确认。若一切正常，继续开动液压系统，使活塞杆全部伸出后，稍缩活塞杆，使爬爪搁在踏步上；再次使活塞杆全部伸出，稍缩活塞杆，再次使爬爪搁在踏步上，这样两次顶升后，此时塔身上方有一个能装进一节标准节的空间。

（6）引入、加节标准节。拉动引进小车，把标准节引至塔身正上方，对准标准节螺栓联结孔，缩回油缸至上、下标准节接触时，用高强度螺栓把上、下标准节联结起来。如塔式起重机装有引进平台，拉住平台上的标准节，引进滚轮在引进平台上的外伸轨道上滚动，将标准节引到塔身的正上方，对准标准节间的螺栓连接孔，用高强度螺栓把两个标准节连接起来。

（7）调整油缸伸缩长度，并把下支座与标准节联结起来。以上为一次加节过程，若要继续加节，可重复上述过程，直至独立高度。

15. 顶升加节过程中的注意事项

（1）作业过程中，自始至终，必须将回转机构的制动器制动，严禁回转起重臂，并保证起重臂与引进标准节在同一方向。

（2）每加一节标准节后，用塔式起重机自身吊起下一节标准节之间，必须确保塔身与下支座的每个角有一个高强度螺栓牢固相连。

（3）所有加节标准节的踏步必须与塔身上的踏步一致。

（4）塔式起重机在升降塔身时，必须按照《塔式起重机使用说明书》规定，使塔式起重机处于最佳平衡状态，并将爬升滚轮与塔身主弦杆之间的间隙调整到规定的范围内。

（5）只允许在风速低于 13 m/s 时进行加节作业。

（6）严禁在下雨、下雪、大雾等天气造成的容易打滑的环境里进行加节。

（7）严禁在烟雾熏呛的环境里进行加节。

（8）加节作业必须在白天进行。

（9）在加节的过程中，必须有专人仔细检查，严防电缆线被压拉、刮碰、击伤等。

16. 安装斜撑

在顶升安装完 3 个标准节后，须安装斜撑。带锚柱式的塔式起重机，斜撑两端都有一副抱箍，其中一副抱箍夹紧在塔式起重机基础的外锚上，另一副抱箍夹紧在塔身主弦杆上，调整并拧紧抱箍上的螺栓，使之均匀受力。塔式起重机每工作一段时间，要定期检查和紧固塔式起重机上所有的高强度螺栓。带底架式的塔式起重机，斜撑一端都有一副抱箍，另一端为斜撑耳板。斜撑耳板与底架上的耳板用销轴连接，抱箍夹紧在塔身主弦杆上。

17. 各种限位装置的调整

起重量限制器、起重力矩限制器、起升高度限位器、变幅限位器、回转限位器必须调整到《塔式起重机使用说明书》里所规定的要求后，调整的方法参见本章第四节。

三、附着装置的安装

当塔式起重机的工作高度超过该塔式起重机的独立高度时，必须安装附着框架。

（1）塔式起重机在安装附着装置之前，应对建筑物附着点的位置和附着点的强度进行预先确定和计算，附着的形式和附着点的受力参阅随机交付的《塔式起重机使用说明书》。

（2）在安装附着装置的位置，搭建从建筑物通往塔身的安全过道，以及在塔身周围搭建宽度不小于 600 mm 的安装平台。

（3）先将附着框套在要安装位置的塔身标准节上，然后通过附着杆（有 3 根附着杆的也有四根附着杆的）与预埋在建筑物上的附着支座铰接，所有附着杆应尽量保持在同一水平面内。

（4）安装完毕后，用经纬仪检测塔身各方向的垂直度（在空载、风速不大于 3 m/s 状态下测量）。独立状态塔身（或附着状态下最高附着点以上塔身），塔身轴心线对支承面的垂直度≤4/1 000；附着状态下最高附着点以下塔身，塔身轴心线对支承面的垂直度≤2/1 000。垂直度的调整通过附着杆之间的调节头来实现。

按《塔式起重机使用说明书》的要求安装多套附着装置，注意各套附着装置之间的距离，严禁加大附着装置之间的距离。在安装每一道附着时，不得任意升高塔身，必须保证未附着前塔式起重机的自由高度部分符合产品说明书的规定。

（5）由于受施工工地和施工条件的限制，大多数情况下，塔式起重机中心到预埋在建筑物上的附着支座的距离满足不了《塔式起重机使用说明书》的要求，若大于规定距离 1 m 以上，应与塔式起重机生产厂家协商，重新设计、制作附着装置。

（6）在安装附着装置时，必须使塔式起重机处于顶升时的平衡状态，且使起重臂、平衡臂位于与附着方向相垂直的位置。

第三节　主要零部件安装要求

在塔式起重机安全事故中因塔式起重机销轴脱落、高强度螺栓连接等安装缺陷造成的事故占有一定的比例，因此必须在塔式起重机安装中重视销轴连接及其销轴与挡板固定。

一、高强度螺栓连接

（1）主要受力构件间的螺栓连接，应采用高强度螺栓，高强度螺栓副应符合《紧固件机械性能　螺栓、螺钉和螺柱》（GB/T 3098.1—2010）和《紧固件机械性能　螺母》（GB/T 3098.2—2015）的规定，并应有性能等级符号标识及合格证书。

（2）标准节、回转支撑等类似受力连接用高强度螺栓应提供楔荷载合格证明。

（3）高强度螺栓的连接形式分为摩擦型和承压型，塔式起重机一般采用摩擦型，因此必须符合《塔式起重机使用说明书》规定的预紧力和扭矩值。

（4）安装塔身前先对高强度螺栓进行全面检查，核对其规格、等级标志，确认无误后在螺母支承面及螺纹部分涂上少量润滑油以降低摩擦系数，保证预紧力和扭矩值。

（5）8.8 级及以上等级的高强度螺栓不得采用弹簧垫片防松，必须使用平垫圈，塔式起重机高强度螺栓必须采用双螺母锁紧，防止松动，如图 10-20 所示。

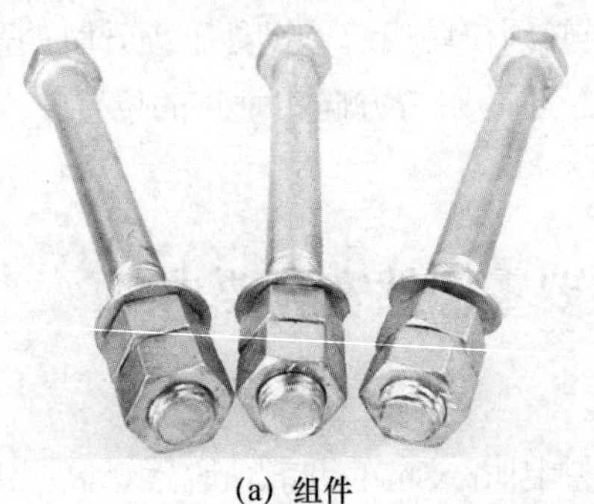

(a) 组件

(b) 安装实物

图 10-20　高强度螺栓连接

（6）高强度螺栓穿插方向有两种，一种是将螺栓自上而下穿插，另一种是自下而上穿插，其受力状况相同。宜采用自下而上穿插，即螺母在上，如图 10-20 所示。

（7）高强度螺栓安装时必须按照使用说明书规定的等级配备，必须使用扭力扳手并符合高强度螺栓的扭矩，保证高强度螺栓预紧力。

（8）高强度螺栓安装注意事项：

① 螺栓孔端面应平整。

② 清除连接结合面金属切屑物、污泥、油漆、锈蚀等影响平整度的污物。

③ 高强度螺栓不得一次性拧紧，应分 2～3 拧紧。

④ 高强度螺栓安装应对角紧固，避免偏角紧固。

⑤ 应使用力矩扳手或专用扳手，按使用说明书要求拧紧。

⑥ 拆下将再次使用的高强度螺栓、螺母必须无任何损伤、变形、滑牙、缺牙、锈蚀及螺栓粗糙度变化较大等现象，反之则禁止用于受力构件的连接。

⑦ 高强度螺栓、螺母使用后拆卸再次使用，一般不得超过 2 次。

塔式起重机回转支承的高强度螺栓、螺母拆除后，不得重复使用，且全套高强度螺栓、螺母必须按原件的要求全部更换。

二、销轴连接

在塔式起重机的起重臂、平衡臂上都通过销轴连接及其销轴与挡板固定。

(1)销轴连接与开口销固定必须可靠：销轴连接与开口销固定应避免以下缺陷，防止销轴窜出：

① 销轴端未安装开口销。

② 开口销未开口或开口度不够。

③ 开口销以小代大。

④ 采用钢丝、焊条等代替开口销。

⑤ 开口销锈蚀严重。

（2）销轴与挡板固定必须可靠。

① 在销轴固定轴端挡板安装中一旦发现连接螺栓有损坏或螺栓孔脱扣时一定要修复后才能继续安装。

② 应避免销轴已安装到位，再继续锤击，使焊缝受损。

③ 臂节偏转，防止轴端撞击轴端挡板，使焊缝产生裂纹。起重臂销轴的安装如图 10-21 所示。

三、防雷接地装置安装

根据相关标准规定，为避免雷击，塔式起重机主体结构、电机机座和所有电气设备的金属外壳、导线的金属保护管均应可靠接地，其接地电阻应不大于 4 Ω。采用多处重复接地时，其接地电阻应不大于 10 Ω。塔式起重机防雷接地装置如图 10-22 所示。

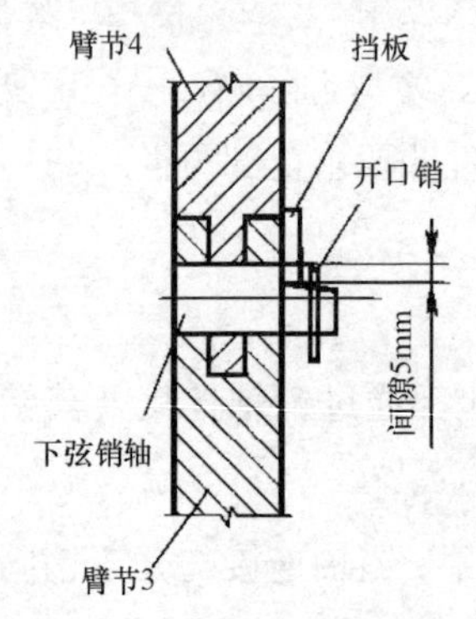

图 10-21 起重臂销轴的安装

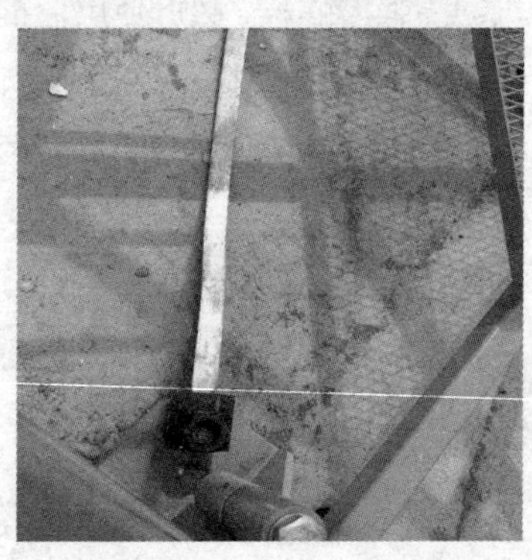

图 10-22 塔式起重机防雷接地装置

第四节 安全装置调试

塔式起重机安装完毕后应按照使用说明书规定调试各种安全装置，以确保安全装置性能。

一、限制器的调试

1. 小车变幅式塔式起重机起重量限制器的调试

起重量限制器在塔式起重机出厂前都已经按照机型进行了调试及整定，与实际工况的载荷不符时需要重新调试，调试后要反复试吊重块三次以上确保无误后方可进行作业。

以 QTZ63 塔式起重机上使用的起重量限制器为例，介绍拉力环式起重量限制器的调试方法，如图 10-23 所示。

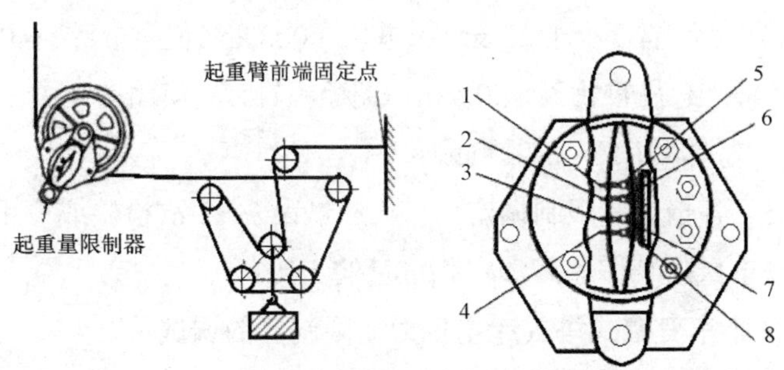

1、2、3、4—螺钉调整装置；5、6、7、8—微动开关。

图 10-23　拉力环式起重量限制器调试

（1）当起重吊钩为空载时，用小螺丝刀，分别压下微动开关 5、开关 6、开关 7，确认各挡微动开关是否灵敏可靠：

1）微动开关 5 为高速挡重量限制开关，压下该开关，高速挡上升与下降的工作电源均被切断，且联动台上指示灯闪亮显示。

2）微动开关 6 为 90%最大额定起重量限制开关，压下该开关，联动台上蜂鸣报警。

3）微动开关 7 为最大额定起重量限制开关，压下该开关，低速挡上升的工作电源被切断，起重吊钩只可以低速下降，且联动台上指示灯闪亮显示。

（2）工作幅度小于 13 m（即最大额定起重量所允许的幅度范围内），起重量 1 500 kg（倍率 2）或 3 000 kg（倍率 4），起吊重物离地 0.5 m，调整螺钉 1，使微动开关 5 瞬时换接，拧紧螺钉 1 上的紧固螺母。

（3）工作幅度小于 13 m，起重量 2 700 kg（倍率 2）或 5 400 kg（倍率 4）；起吊重物离地 0.5 m，调整螺钉 2，使微动开关 6 瞬时换接，拧紧螺钉 2 上的紧固螺母。

（4）工作幅度小于 13 m，起重量 3 000 kg（倍率 2）或 6 000 kg（倍率 4）；起吊重物离地 0.5 m，调整螺钉 3，使微动开关 7 瞬时换接，拧紧螺钉 3 上的紧固螺母。

（5）各挡重量限制调定后，均应试吊 2～3 次检验或修正，各挡允许重量限制偏差为额定起重量的±5%。

2. 小车变幅式塔式起重机力矩限制器的调试

以 QTZ63 塔式起重机上使用的起重力矩限制器为例，介绍弓板式力矩限制器的调试方法，如图 10-24 所示。

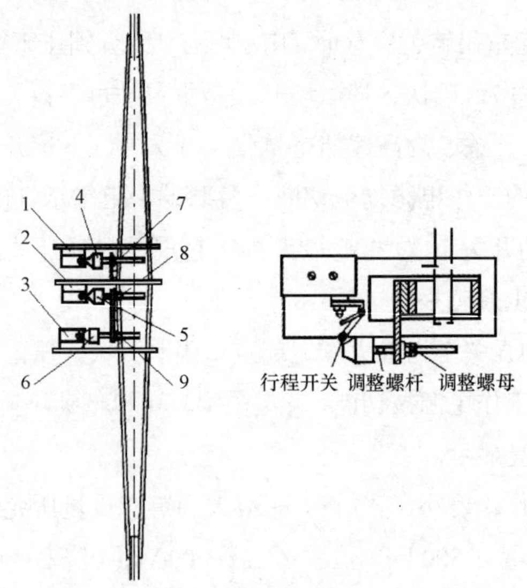

1、2、3—行程开关；4、5、6—调整螺杆；7、8、9—调整螺母。

图 10-24　弓板式力矩限制器调试

（1）当起重吊钩为空载时，用螺丝刀分别压下行程开关 1、开关 2 和开关 3，确认 3 个开关是否灵敏可靠。

1）行程开关 1 为 80%额定力矩的限制开关，压下该开关，联动台上蜂鸣报警。

2）行程开关 2、开关 3 为额定力矩的限制开关，压下该开关，起升机构上升和变幅机构向前的工作电源均被切断，起重吊钩只可下降，变幅小车只可向后运行，且联动台上指示灯闪亮、蜂鸣持续报警。

（2）调整时吊钩采用四倍率和独立高度 40 m 以下，起吊重物稍离地面，小车能够运行即可。

（3）工作幅度 50 m 臂长时，小车运行至 25 m 幅度处，起吊重量为 2 290 kg，起吊重物离地塔式起重机平稳后，调整与行程开关 1 相对应的调整螺杆 4 至行程开关 1 瞬时换接，拧紧相应的调整螺母 7。

（4）按定幅变码调整力矩限制器，调整行程开关 2。

1）在最大工作幅度 50 m 处，起吊重量 1 430 kg，起吊重物离地塔式起重机平稳后，调整与行程开关 2 相对应的调整螺杆 6，使行程开关 2 瞬时换接，并拧紧相应的调整螺母 8。

2）在 18.8 m 处起吊 4 200 kg，平稳后逐渐增加至总重量小于 4 620 kg 时，应切断小车向外和吊钩上升的电源；若不能断电，则重新在最大幅度处调整行程开关 2，确保在两工作幅度处的相应额定起重量不超过 10%。

（5）按定码变幅调整力矩限制器，调整行程开关 3。

1）在 13.72 m 的工作幅度处，起吊 6 000 kg（最大额定起重量）；小车向外变幅至 14.4 m 的工作幅度时，起吊重物离地塔式起重机平稳后，调整与行程开关 3 相对应的调整螺杆 6，使行程开关 3 瞬时换接，并拧紧相应的调整螺母 9。

2）在工作幅度 38.7 m 处，起吊 1 800 kg，小车向外变幅至 42.57 m 以内时，应切断小车向外和吊钩上升的电源；若不能断电，则在 14.4 m 处起吊 6 000 kg。重新调整力矩限制器行程开关 3，确保两额定起重量相应的工作幅度不超过 10%。

（6）各幅度处的允许力矩限制偏差计算式为：

1）80%额定力矩限制允差：（1−额定起重量×报警时小车所在幅度 10.80×额定起重量×选择幅度）≤5%。

2）额定力矩限制允差：（1−额定起重量×电源被切断后小车所在幅度 1.05×额定起重量×选择幅度）≤5%。

3. 限制器的维护保养

（1）塔式起重机再次安装，投入使用前必须核对限制器是否变动，以便及时调整。

（2）限制器经过调整后，严禁擅自触动。

（3）限制器应该有防雨措施，保证螺栓和限位开关不锈蚀。

（4）定期检查微动开关、行程开关是否灵敏可靠。

（5）定期检查电缆是否老化。

（6）定期注油润滑。

二、限位装置的调试

以 QTZ63 塔式起重机上使用的限位器为例，介绍多功能限位器的调试方法。起升高度限位调试如图 10-25 所示。

根据需要将被控制机构动作所对应的微动开关瞬时切换。即→调整对应的调整轴 Z 使记忆凸轮 T 压下微动 WK 触点，实现电路切换。其调整轴对应的记忆凸轮及微动开关分别为：

1 Z→1 T→1 WK；2 Z→2 T→2 WK；3 Z→3 T→3 WK；4 Z→4 T→4 WK。

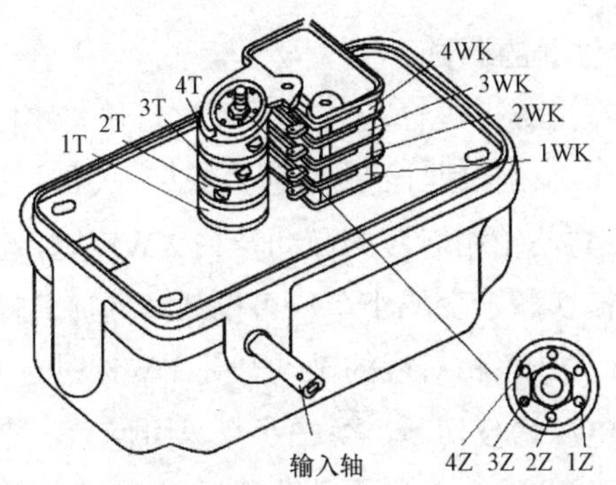

1Z、2Z、3Z、4Z—调整轴；1T、2T、3T、4T—凸轮；
1WK、2WK、3WK、4WK—微动开关。

图 10-25　起升高度限位调试

1. 起升高（低）度限位器调试

（1）调整在空载下进行，分别压下微动开关（1 WK，2 WK），确认该两挡起升限位微动开关是否灵敏可靠。

当压下与凸轮相对应的微动开关 2 WK 时，快速上升工作挡电源被切断，起重吊钩只可低速上升；当压下与凸轮相对应的微动开关 1 WK 时，上升工作挡电源均被切断，起重吊钩只可下降不可上升。

（2）将起重吊钩提升，使其顶部至小车底部垂直距离为 1.3 m（2 倍率时）或 1 m（4 倍率时），调动轴 2 Z，使凸轮 2 T 动作，使微动开关 2 WK 瞬时换接，拧紧螺母。

（3）以低速将起重吊钩提升，使其顶部至小车底部垂直距离为 1 m（2 倍率时）或 0.7 m（4 倍率时），调动轴 1 Z，使凸轮 1 T 动作致使微动开关 1 WK 瞬时换接，拧紧螺母。

（4）对两挡高度限位进行多次空载验证和修正。

（5）当起重吊钩滑轮组倍率变换时，高度限位器应重新调整。

2. 变幅限位器的调试

（1）调整在空载下进行，分别压下微动开关（1 WK，2 WK，3 WK，4 WK），确认该四挡变幅限位微动开关是否灵敏可靠。

1）当压下与凸轮相对应的微动开关 2 WK 时，快速向前变幅的工作挡电源被切断，变幅小车只可以低速向前变幅。

2）当压下与凸轮相对应的微动开关 1 WK 时，变幅小车向前变幅的工作挡电源均被切断，变幅小车只可向后，不可向前。

3）当压下与凸轮相对应的微动开关 3 WK 时，快速向后变幅的工作挡电源被切断，变幅小车只可以低速向后变幅。

4）当压下与凸轮相对应的微动开关 4 WK 时，变幅小车向后变幅的工作挡电源均被切断，变幅小车只可向前，不可向后。

（2）向前变幅及减速和臂端极限限位。

1）将小车开到距臂端缓冲器 1.5 m 处，调整轴 2 Z 使凸轮 2 T 动作，使微动关 2 WK 瞬时换接（调整时应同时使凸轮 3 T 与 2 T 重叠，以避免在制动前发生减速干扰），并拧紧螺母。

2）再将小车开至距臂端缓冲器 200 mm 处，按程序调整轴 1 Z 使凸轮 1 T 动作，使微动开关 1 WK 瞬时切换，并拧紧螺母。

（3）向后变幅及减速和臂根极限限位。

1）将小车开到距臂根缓冲器 1.5 m 处，调整轴 4 Z 使凸轮 4 T 动作，使微动关 4 WK 瞬时换接（调整时应同时使凸轮 3 T 与 2 T 重叠，以避免在制动前发生减速干扰），并拧紧螺母。

2）再将小车开至距臂根缓冲器 200 mm 处，按程序调整轴 3 Z 使凸轮 3 T 动作，使微动开关 3 WK 瞬时切换，并拧紧螺母。

（4）对幅度限位进行多次空载验证和修正。

3. 回转限位器的调试

（1）将塔式起重机回转至电源主电缆不扭曲的位置。

（2）调整在空载下进行，分别压下微动开关（2 WK，3 WK），确认控制向左或向右回转的这两个微动开关是否灵敏可靠。这两个微动开关均对应凸轮，分别控制左右两个方向的回转限位。

（3）向右回转 540° 即一圈半，调动轴 2 Z（或 3 Z），使凸轮 2 T（或 3 T）动作，使微动开关 2 WK（或 3 WK）瞬时换接，拧紧螺母。

（4）向左回转 1080° 即三圈，调动轴 3 Z（或 2 Z），使凸轮 3 T（或 2 T）动作，使微动开关 3 WK（或 2 WK）瞬时换接，拧紧螺母。

（5）对回转限位进行多次空载验证和修正。

4. 限位装置的维护保养

（1）塔式起重机再次安装使用前，必须拔下位于多功能限位器下部的塞子，排去其中的积水；塔式起重机运输过程中必须再塞上塞子。

（2）塔式起重机投入使用时，每天要检查一次，清除行程限位装置上面的建筑垃圾和其他障碍物。

（3）每班检查各连接螺栓是否紧固以及电缆是否完好。

（4）每班检查限位装置的灵敏可靠性。

（5）限位器减速装置要定期加油润滑。

5. 其他安全装置的维护保养

（1）每班检查夹轨器、小车断绳保护装置、风速仪和缓冲器等装置的可靠性。

（2）每班清除安全装置的油污及尘垢。

（3）定期检查各装置的连接，紧固连接螺栓。

（4）定期检查各装置的润滑情况，及时添加润滑油。

（5）定期检查风速仪电缆的绝缘情况。

第五节　整机的性能调试与验收

塔式起重机安装结束后，安装单位在使用单位的监督与参与下，对塔式起重机应进行性能试验和调试，在进行性能试验时，若未达到《塔式起重机使用说明书》的要求时，必须进行调试直至达到要求。性能试验与调试达到要求后，塔式起重机使用单位进行验收，用户签字盖章后确认。塔式起重机的性能验收与调试，按表 10-2 进行。

表 10-2　新塔式起重机整机性能验收表

产品型号规格：　　　　　生产厂家　　　　　　产品编号：

序号	验收项目	验收标准	验收结果	结论	备注
1	电源电压	（尖峰电流状态下） 380V（±10%）	尖峰电流状态 V 额定电流状态 V	是否符合□	此项目由用户保证提供
2	首次安装高度	用户要求（）m	（）m	符合□	
3	电气绝缘电阻	电机：≥0.5 MΩ 主电源：≥0.5 MΩ 控制线：≥1 MΩ	电机（）MΩ 主电源（）MΩ 控制线（）MΩ	是否符合□	
4	电机	各机构电机运转正常，无异常。 电机工作电流符合铭牌标识	无异常（） 工作电流符合（）	是否符合□	

续表

序号	验收项目	验收标准	验收结果	结论	备注
5	安全防护	力矩限制器： 幅度（）m，吊重（）t， 力矩限制器动作并报警	实测： 幅度（）m， 吊重（）t	是否符合□	各限位器均试验三次，要求灵活可靠
		高度限位： 吊钩上升至距起重臂≥1.5 m处，自动停止上升	实测： （　）m	是否符合□	
		幅度限位： 小车高速向前距臂端 10 m，向后距臂根 10 m，自动转为低速； 小车低速向前距臂端（）m，向后距臂根（）m，停止运行	实测： 高速距臂端（）m， 距臂根（）m； 低速距臂端（）m， 距臂根（）m	是否符合□	
		回转限位： 塔式起重机旋转 3 圈，限位动作	实测： （）圈	是否符合□	
		吊钩防脱有效、可靠	有效、可靠	是否符合□	
6	制动装置	制动摩擦片清洁、厚度大于原厚度的 1/2	起重制动摩擦片： 厚度（）mm	是否符合□	
		制动器摩擦片间隙 起重制动 1.5～2.5 mm 变幅制动 1.5 mm 回转制动 1.5 mm	实测： 起重制动（）mm 变幅制动（）mm 回转制动（）mm	是否符合□	
		液压制动推杆动作灵活，油质、油量符合技术要求	符合技术要求（）	是否符合□	
		回转制动器塔式起重机停机时处于松开状态	符合技术要求（）	是否符合□	
7	塔式起重机垂直度	偏差≤3/1 000	实测： 东西向（）m 南北向（）m	是否符合□	

续表

序号	验收项目	验收标准	验收结果	结论	备注
8	静载试验	125%载荷，幅度≤10 m，离地100～200 mm处，停留10 min后观察：无下滑、无永久变形	实测： 下滑（）mm 变形（）	是否符合□	
9	额定载荷试验	最大幅度（）m，额定载荷（）t，起升、变幅、回转三机构各运行三次，观察： 传动机构良好，运行正常	无异常（） 异常，情况如下：	是否符合□	
10	其他	紧固件紧固良好	良好（）	是否符合□	

配套机构编号：主电机　　回转电机　　变幅电机
主减速机　　回转减速机　　回转减速机

用户单位名称：

厂方服务人员：　　安装日期：

验收意见：
厂方服务人员：　　用户负责人：　　（盖单位章）
验收日期：

售后服务部门负责人意见：

说明：验收结论是否符合□，是√，否×。本表一式两份，厂方、用户各存一份。

第六节　塔式起重机拆卸

一、小车变幅式塔式起重机拆卸

1. 技术准备

（1）技术条件。《建筑施工塔式起重机安装、使用、拆卸安全技术规程》（JGJ 196—2010）规定，塔式起重机拆卸应当编制塔式起重机拆卸专项方案，编制内容应符合本规程的规定，专项方案必须符合审核和批准程序的要求，批准后的专项方案必须由施工技术人员向拆卸作业人员进行技术交底。

（2）场地准备。了解拆卸场地的布局及土质情况，清理塔式起重机基础周围的杂物并做好路面平整工作，清除或避开起重臂起落及半径内的障碍物，满足汽车式起重机站位条件和地基承载条件的要求；满足拆卸后塔式起重机部件堆放或运输车辆进出条件；拆卸作业现场应设置安全警示标志和警示绳，委派专人进行看护，拆卸中起重臂和重物下方严禁有人停留或通过；作业区域安全措施和警示标志等。

（3）人员准备。塔式起重机拆卸单位必须明确现场负责人，负责人应始终在现场履行指挥协调职责。塔式起重机拆卸作业人员、起重司索指挥人员和建筑电工必须持证上岗，必须按塔式起重机拆卸技术交底规定的要求实施，拆卸吊运前必须明确起重指挥人员，作业时应与操作人员密切配合，执行规定的指挥信号或使用对讲机，并调整对讲机频率。

（4）设备准备。一台 25 t 汽车式起重机为主吊，如果是场地狭小回转半径受限，必须选择其中能力较大的起重机以增加起重机回转半径。一台 16 t 汽车式起重机辅吊，配合在起重臂端起吊。

（5）工机具准备。考虑塔式起重机长期暴露在露天作业，日晒雨淋锈蚀难以避免，拆卸时往往会遇到不易拆卸情况，现场应准备氧气、乙炔、捯链、千斤顶、大锤以及辅助起吊吊具、索具、绳扣等常用工具。

（6）车辆准备。准备一辆可以装载拆卸后的塔式起重机零部件的运输车辆；并与运输单位签订运输合同，明确运输双方质量安全责任。

（7）塔式起重机液压部件检查。拆卸前应仔细检查各机构，特别是液压顶升机构运转是否正常，各紧固部位螺栓是否齐全、完好，各销轴挡板是否齐全、完好，各主要受力部件是否完好，一切正常后方可进行拆卸。

（8）拆卸前应检查以下项目。主要结构件及连接件、电气系统、起升机构、回转机构、顶升机构、作业区域安全措施和警示标志等。发现问题的应及时修复后才能进行拆卸作业。

（9）了解气候条件。查看当地天气预报，如遇 6 级及以上大风或大雨、大雪等恶劣天气，不得从事塔式起重机拆卸作业。如遇雨雪天气之后，应检查确认塔式起重机主结构件无湿滑、制动器装置灵敏可靠后方可进行拆卸作业。

（10）准备现场照明。考虑塔式起重机拆卸会出现不间断作业，应当提前落实足够的照明设施，以防光线不足影响持续拆卸施工。偏远地区应准备小型发电机作为备用照明设施。

2. 小车变幅式塔式起重机拆卸顺序

塔式起重机的拆卸顺序是安装的逆向过程，即“自上而下，先装后拆，后装先拆”。

塔式起重机拆卸顺序：以某厂的 QTZ80 塔式起重机为例进行说明。塔式起重机拆卸顺序：降低塔身标准节→拆卸首道附着装置（之后依次逐道拆卸）→拆卸平衡重（保留两块）→拆卸起重臂→拆卸剩余平衡重→拆卸平衡臂→拆卸塔帽和驾驶室→拆卸回转机构及上下支座总成（包括拆卸电气装置和钢丝绳）→拆卸套架及工作平台→拆卸最后一道附着装置→拆卸剩余标准节→拆卸基础节及底座，如图 10-26 所示。

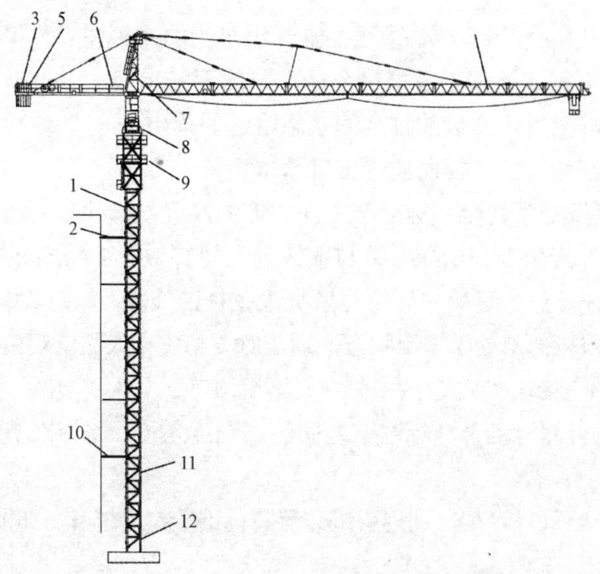

1—降低塔身标准节；2—拆卸首道附着装置；3—拆卸平衡重（保留2块）；4—拆卸起重臂；5—拆卸剩余平衡重；6—拆卸平衡臂；7—拆卸塔顶和驾驶室；8—拆卸回转机构及上下支座总成；9—拆卸套架；10—拆卸最后一道附着装置；11—拆卸剩余标准节；12—拆卸基础节及底座。

图 10-26　塔式起重机拆卸顺序

3. 塔式起重机标准节拆卸顺序

（1）降低、拆卸标准节顺序。拆卸上端一个标准节的上下螺栓→启动液压系统提升爬升架踏步→推出上端一个标准节→扳开活动爬爪→下降爬升架→将活动爬爪落在下一个踏步上→将横梁顶在下一个踏步上→将爬爪架稍微上升→扳开活动爬爪→下降爬升架→紧固连接螺栓→吊走标准节。

（2）降低、拆卸标准节施工方法。

1）将起重臂回转到标准节的引进方向，吊一节作平衡用的标准节使小车处于平衡位置，将上下转台插上销轴锁定。

2）启动液压系统，顶压油缸伸出全长的90%左右，将顶升横梁销轴落在从上往下数第二个标准节的下踏步上。绝对不允许将顶升油缸放置在靠近油缸全缩状态附近的踏步上），并使顶升横梁两销轴在踏步的两端面的露出量基本相等。

3）拆卸下转台与标准节之间相连的高强度螺栓，启动液压油缸，将外套架上升至标准节与下转台之间有 10～20 mm 的间隙时停止顶压，检查套架的导轮与塔身主弦杆的间隙，如间隙均匀，则塔式起重机上部处于平衡状态，顶压时要指定专人注意观察套架上端滚轮不准超出塔身节的主弦杆，不得顶冒。

4）拆卸标准节与标准节之间的高强度螺栓，将标准节挂在引进梁的小钩上。

5）略顶升套架，利用引进装置将标准节拉出塔身，如图 10-27 所示。

图 10-27　将标准节拉出塔身

6）回缩油缸，使套架下降，当下降约半个标准节时，由专人将套架上的爬爪准确地落在标准节的踏步上。

7）再略回升油缸，将顶升横梁脱离踏步，再伸出油缸使顶升横梁落在下一个踏步的圆弧槽内。

8）回缩油缸，使套架下降，当下降约半个标准节时，下转台落在塔身上，对准连接套孔，穿上8个高强度螺栓，拧紧螺母。

9）开动小车，放下作平衡用的标准节，再用吊钩将刚拆下的标准节从引进平台上吊出，将小车开到平衡位置，准备拆卸下一个标准节。

10）如此重复以上的全部动作，直至将标准节拆至塔身的最低高度（四节）为止。拆卸塔式起重机标准节过程，如图10-28所示。

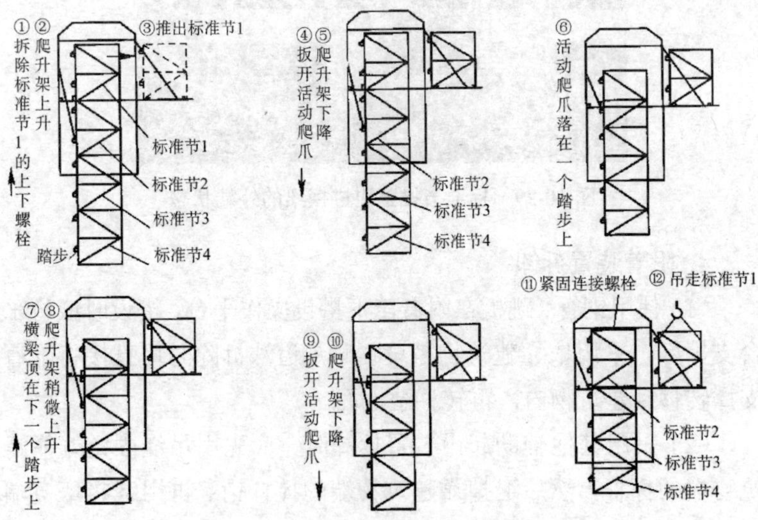

图10-28 拆卸塔式起重机标准节过程

（3）标准节拆卸注意事项。

将拆卸的标准节推到引进横梁的外端后，在顶升套架的下落过程中，当顶升套架上的活动的爬爪通过塔身标准节主弦杆踏步时，应派专人翻转活动爬爪，以便顶升套架能顺利地落到下一个标准节的顶端，并观察爬爪、踏步及受力构件有无异响、变形等异常情况，确认正常后把活塞杆全部收回。标准节拆卸作业应连续完成，当特殊情况下拆卸作业不能连续完成时，应明确允许中断时塔式起重机的状态和采取的安全防措施。标准节推至引进横梁的外端状态如图 10-29 所示。

图 10-29　标准节推至引进横梁的外端状态

4. 附着装置拆卸

（1）使用钢管、跳板在附着筐下搭设操作平台，搭设时应将平台支撑好；采用依靠建筑物搭设临时走道法拆除时可直接将附着支撑转移到建筑物内，再转移至地面。

（2）采用其他辅助起吊装置拆卸时，应先用吊绳固定好靠建筑物端的撑杆，然后退掉靠建筑物端的撑杆销；再用绳将塔身端撑杆固定好，退掉销子后缓慢放下支撑杆，让辅助起吊装置受力，用辅助起吊装置将支撑杆吊至地面。用同样的方法依次拆除各支撑杆。

（3）采用塔式起重机自身能力拆卸时，当塔式起重机标准节降至接近装置时，先用吊绳固定好靠建筑物端的撑杆，然后退掉靠建筑物端的撑杆销，再用绳将塔身端撑杆固定好，退掉销子后缓慢放下支撑杆，让塔式起重机起吊受力，将支撑杆吊至地面。用同样的方法依次拆卸各支撑杆。

（4）拆除附着装置的外框架时应按以下步骤进行：

1）特附着外框架分解，配合液压顶升机构，将爬升框架移至附着框架位置。

2）配合液压顶升机构，将爬升框架降至附着框架位置。用8号钢丝配合木楔将附着框固定在爬升框架下端，固定附着框时不能影响降塔工作。

3）多次拆除，可继续将下一个附着框架固定在上一个附着框架上，随着降塔工作的进行，将附着框架降至拆塔高度，最后用作业起重机将附着框架吊下放至地面。

（5）附着装置拆卸应随标准节的降低，首道附着装置拆卸后再依次逐道拆卸，严禁在降塔之前先拆卸附着装置。

5. 平衡重拆卸

当塔式起重机标准节和附着装置基本拆卸完毕后，此时可拆卸平衡臂上的平衡重。

（1）将小车固定在起重臂根部，将汽车式起重机就位到塔式起重机附近，准备拆卸配重。

（2）拆开配重块的连板，按装配重的相反顺序，将各块配重依次卸下，保留两块平衡重不拆。

6. 起重臂拆卸

（1）拆卸起重臂应采取两台汽车式起重机协同作业，25 t汽车式起重机将靠近臂根臂杆起吊，使起重臂上翘适当角度；16 t汽车式起重机在起重臂的末端挂起吊具，辅助进行平衡。

（2）开动起升机构，收紧事先穿绕在塔帽滑轮组的起升钢丝绳，使塔帽的拉杆销轴不承受张拉力。

（3）从小车及起重臂将起升钢丝绳卸下，进行有序盘绕，防止与地面污物接触。

（4）将起重臂臂根两根销轴打掉后，两台汽车式起重机协同将起重臂轻轻提起，使拉杆系统放松，拆掉连接销轴，拆卸起重臂拉杆，并固定在起重臂上弦上，拆卸起重臂根部的连接销轴，放下起重臂，并搁在垫有枕木的支座上。拆卸起重臂轴销如图 10-30 所示。

图 10-30　拆卸起重臂轴销

7. 剩余平衡重和平衡臂拆卸

(1) 拆卸平衡臂上剩余的两块配重。

(2) 在平衡臂尾部系一根缆风绳，以控制平衡臂摆动。

(3) 以平衡臂安装时的吊耳为吊点（做好标记处），将平衡臂上仰以便放松拉杆。

(4) 将两根拉杆第一节和第二节间的连接销轴拆下，并将平衡臂上两节拉杆用钢丝捆牢。

(5) 将平衡臂放平，拆掉平衡臂（根部）与回转塔身的连接销轴，将平衡臂慢慢放在地面上或装车运离现场。

8. 塔帽和驾驶室拆卸

使用汽车式起重机将塔帽和驾驶室依次拆卸，平稳放在地面上或装车。

9. 上下支座总成（包括拆卸电气装置和钢丝绳）拆卸

(1) 将爬升架的换步顶杆支承在塔身上，然后拆掉下支座与爬升架和塔身的连接部件，使用汽车式起重机先将上支座及回转总成吊起。

(2)切断塔式起重机电源，拆卸电气装置；拆卸回转机构及上下支座总成；拆卸起升和变幅钢丝绳，分别绕卷平整，放在无泥土地面上或直接装车。

10. 套架及剩余标准节拆卸

(1)将套架上活动爬爪放在上部的标准节上，吊住顶部标准节，将吊住的标准节与下面一节标准节之间的销轴抽出，吊起标准节，放至地面。

(2)将套架进行解体拆卸，缓缓地沿标准节主弦杆吊出放至地面，最后将油缸和剩余的塔身全部拆卸。

11. 基础节及底座拆卸

最后将剩余两个标准节及基础节和底座拆卸，装车运离现场。

12. 塔式起重机部件拆卸后出场

(1)塔式起重机拆散后由工程技术人员和专业维修人员进行检查，并登记造册。

(2)及时装车运输出施工现场，以保持现场的整洁，塔式起重机拆卸后装车运输。

13. 塔式起重机拆卸注意事项

(1)塔式起重机拆卸程序必须坚持“自上而下，先装后拆，后装先拆”的原则。降节时应遵循“先降节，后拆除附着装置”的原则。塔式起重机的自由端高度应始终符合使用说明书的原则。

(2)拆卸自升式塔式起重机每次降节前，应检查顶升系统、附着装置连接等，确认完好后才能降节。

(3)拆卸使用的汽车式起重机应在地面加设路基箱或钢板，地基承载能力应满足承载力要求。

（4）塔式起重机拆卸离不开攀登与悬空作业，高处作业应当悬挂安全带，塔式起重机拆卸过程中，禁止将部件及工具从高处向下抛掷。

（5）自升式塔式起重机每次降节前，应检查顶升系统、附着装置连接等，确认完好后才能降节。塔式起重机的自由端高度应始终符合使用说明书的要求。

（6）拆卸完毕后，应拆除为塔式起重机拆卸作业需要而设置的所有临时设施，清理场地上作业时所用的吊索具、工具等各种零配件和杂物等。

二、动臂式塔式起重机臂杆扳起和放落

以 DBQ4 000 t • m 动臂式塔式起重机为实例进行介绍。

1. 臂杆扳起前准备

臂杆扳起是指塔式起重机的大型动臂式起重机起重臂杆在地面组装成功后，从水平状态通过塔式起重机的起升卷扬机的动力将臂杆扳起（拉起）至工作幅度的过程。

（1）在臂杆扳起之前，将塔式起重机安装专项方案中臂杆扳起部分的技术要领和要求以及预防措施，逐一向承担任务的作业人员进行具体的交底，并明确其职责。

（2）清理臂杆扳起作业现场，保证臂杆扳起必要的安全、可靠条件。

（3）明确臂杆扳起现场总负责人、现场安全管理人、起重指挥人、安装质量负责人。

（4）各个负责人应履行职责，在臂杆扳起之前进行相应的检查确认。

2. 臂杆扳起前安全检查

臂杆扳起的各职能负责人应共同对塔式起重机的下列部件进

行检查确认：

（1）主臂、副臂是否按规定的方式组合正确、完好。

（2）对有柱索支架的组合，支架所装位置和支架长度是否正确。

（3）所有销轴、销簧、销卡是否连接正确、可靠。

（4）所有钢丝绳的穿绕是否正确，绳头固定是否正确、可靠。

（5）各限位器开关、幅度检测、力矩传感器、风速仪、航空安全障碍灯等电气元件及其线路是否正确，连接是否可靠，是否留有扳起中需要的足够的电线裕量，是否在扳起中会损坏电气元件，并采取相应措施。

（6）起重臂上及其相关部件上应安装的附件是否已安装上。

（7）检查平衡重的重量和安装位置。

（8）门架、台车、机台各部的安装情况，特别是连接螺栓是否齐全、拧紧。

（9）轨道是否正常扳起，滑道是否平整、有无障碍物。

（10）机台与门架的连接接板中螺杆是否拧紧，有无松动。

3. 臂杆扳起工艺

动臂式塔式起重机的起重臂扳起工艺：开关转换至扳起位置→开启副变幅卷扬机松开副臂拉索→启动主变幅卷扬机至主臂稍抬起→抬起至 300 mm 检查主臂安全性→抬起至 500 mm 检查卷扬机制动性能→继续扳起主臂至离地面 20 m 时制动，将防后倾拉索与主副臂轴销连接→继续启动扳起动作直至副臂头部滚轮离地→开动副变幅卷扬机，张紧副变幅钢丝绳→开动主变幅卷扬机使副臂头部离地约 1 m，穿绕起重钢丝绳，并安装高度限制装置→继续开动主变幅卷扬机整体扳起至 80° →继续开动主变幅卷扬机扳起主臂至主臂 86.5° 为止→开动副变幅卷扬机，扳起副臂至最大幅度工作位置→主副变幅机构扳起到位后，检查各部位就位情况，无误后将操作开关切换至塔式工作位置，进入试运行阶段。

4. 臂杆扳起方法

（1）司机在主控位置将所有操作开关转换至扳起位置。

（2）在启动主变幅卷扬机之前，先开动副变幅卷扬机，将副臂拉索放松至松弛状态，然后开动主变幅卷扬机。

（3）启动主变幅卷扬机，主变幅钢丝绳及扳起拉索处于拉紧状态后稍停，检查无卡滞现象后，再继续启动主变幅卷扬机，当主臂稍抬起离开支承架 300 mm 左右时，停止主变幅卷扬机运行动作。

（4）在此状态下停留 10 min，检查主臂头部、机台、扳起拉索、回转滚轮装置等各部件有无异常情况或隐患。

（5）确认无误后，再启动主变幅卷扬机，将主臂抬起离开支承架 500～600 mm 时进行一次制动，以检查制动装置可靠性。

（6）检查确认制动装置有效后，开启主变幅卷扬机继续扳起主臂，当主钩定滑轮中心离地面 20 m 时停止，将防后倾拉索与主臂前端连接好。

（7）继续启动扳起动作，在主臂扳起过程中，主、副变幅绞车协调动作，不得离地，直至副臂头部滚轮达到离地位置时停止。

（8）开动副变幅卷扬机，张紧副变幅钢丝绳，使副臂头部滚轮不离地面，并保持副臂与主臂轴线夹角不变。此时，应记录下卷筒上钢丝绳余留圈数，或在钢丝绳上涂上油漆记号。

（9）开动主变幅卷扬机，使副臂头部离地约 1 m，穿绕起重钢丝绳，并安装高度限制器的托块和带平面止推轴承的固定装置（注意：应使穿好的起重钢丝绳主、副钩与副臂头部之间距离大于 20 m，使副臂头部离地 20 m 时吊钩开始离地）。

（10）继续开动主变幅卷扬机整体扳起，直至主臂撑杆进入滑道并顶紧时停止（注意：保持进入滑道顺利，此时主臂 80° 左右，主臂杆长度为 4 600 mm）。

（11）继续开动主变幅卷扬机扳起主臂，直至主臂撑杆压缩到位为止，测量主臂顶部副臂根轴上幅度，调整正确后使主臂转角限位，此时，主臂 86.5°。

（12）开动副变幅卷扬机，扳起副臂至最大幅度工作位置（注意：观察副臂工作限位的动作是否可靠）。

（13）主副变幅机构扳起到位后，检查各部位就位情况无误后，司机在主控位置将所有操作开关从扳起位置转换至塔式起重机工作位置。

在主臂杆扳起过程中，主副变幅卷扬机动作必须协调，使副臂拉索始终处于松弛状态，副臂头部滚轮必须在钢板上滚动，不得离地，直至副臂头部滚轮达到离地面位置时停止。在整个扳起过程中应避免主副卷扬机出现点动现象，主变幅操作手柄应从 1～4 挡依次到位。DBQ4 000 t • m 动臂式塔式起重机起重臂扳起，如图 10-31 所示。

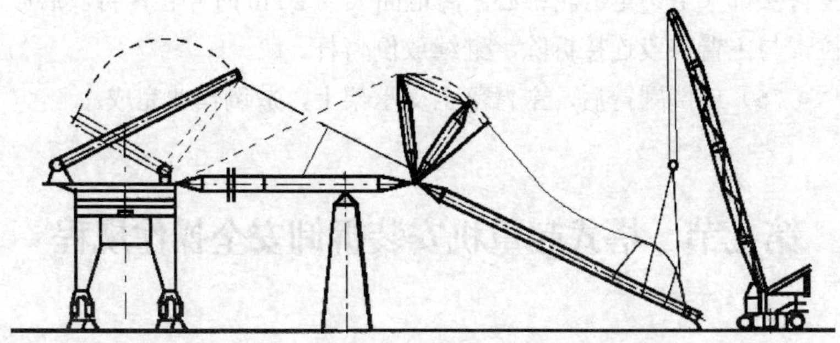

图 10-31　动臂式塔式起重机起重臂扳起

5. 臂杆降落的程序

动臂式塔式起重机的降落顺序是安装的逆向过程。由于臂杆降落过程是重力控制过程，使用制动器的时间相对较多、较长，因此，制动器性能必须符合规定的性能要求，降落前必须仔细认真检查卷扬机机构中的制动器的制动性能，反复试验制动效果，确认可靠后方准进行臂杆降落程序。

（1）准备主臂杆支承架，将其就位；将起重吊钩放至离副臂前端不小于 20%位置。

（2）将电气操作开关转至扳起位置，去掉变幅卷扬机上的链条（可在最大幅度时）。

（3）将副臂缓缓放倒，直至变幅绞车上的钢丝绳和扳起时相同为止，制动变幅卷扬机。

（4）继续放出主变幅卷扬机，整体放倒，放至副臂头部着地为止。

（5）继续放出主变幅卷扬机钢丝绳，副臂头部滚轮应在钢板上向外滚动。此过程中可适当收紧副变幅绳，但不能过紧，使副臂拉索处于松弛状态即可。注意在主、副臂夹角增大时副臂撑杆是否顺利脱出支撑座，如果顶牢应立即停止，排除故障后再继续放落，在主臂头部（主钩定滑轮中心）离地面大约 20 m 时停止，将放后倾拉索与主臂前段连接拆除，继续放倒臂杆。

（6）放倒副臂后，主臂落至支承架上，放倒作业完成。

第七节　塔式起重机安装拆卸安全操作规程

一、塔式起重机安装操作规定

1. 塔式起重机安装前的操作规定

（1）安装前安装作业人员应分工明确、职责清楚，接受塔式起重机专项施工方案的技术交底，严格按专项方案进行作业。

（2）安装前应根据专项施工方案，对塔式起重机基础的下列项目进行检查：

① 基础的位置、标高、尺寸。

② 基础的隐蔽工程验收记录和混凝土强度报告等相关资料。

③ 安装辅助设备的基础、地基承载力、预埋件等。

④ 基础的排水措施。

（3）了解该塔式起重机的技术性能，掌握说明书中所规定的安装工艺和程序。

（4）掌握安拆部件的重量和吊点位置，掌握安装的关键节点和关键工序。

（5）对所安拆各机构部位、结构焊缝、重要部位、高强度螺栓、销轴、卷扬机构和钢丝绳、吊钩、吊具以及电气设备、线路等进行检查，并消除隐患。

（6）检查安装作业中配备的起重机、运输汽车等辅助机械，应状况良好，技术性能应保证安拆作业的需要。

（7）检查安装现场电源电压、运输道路、作业场地等，应具备安拆作业条件。

（8）按说明书要求，对塔式起重机润滑部位和需要润滑的螺栓进行润滑。

（9）对施工现场和周边环境进行检查、清理，以适应安拆塔式起重机。

（10）对安装人员所使用的安全用品、安全带、安全帽检查，不合格者立即更换。

（11）对自升塔式起重机顶升液压系统的液压阀和油管、顶升套架结构、导向轮、顶升爬爪等进行检查，及时处理存在的问题。

（12）对采用旋转塔身法所用的主副地锚架、起落塔身卷扬钢丝绳以及起升机构制动系统等进行检查，确认无误后方可使用。

（13）对进入安拆场地配合运输的机动车辆司机进行安全注意事项告知。

（14）安全监督岗的设置及安全技术措施的贯彻落实达到要求。对施工现场部署安全警示标志。

2. 塔式起重机安装中的操作规定

（1）安装时按规定的连接形式连接塔式起重机部件，按规定的扭矩紧固螺栓。

（2）在紧固要求有预紧力的螺栓时，必须使用专门的可读数的工具，将螺栓准确地紧固到规定的预紧力值。

（3）按规定的程序进行拆卸，并注意不影响下道工序的安全性。

（4）安装或拆卸起重臂和平衡臂时，应连续作业，严禁在安装、拆卸时中断作业。

（5）塔式起重机电气部分，非电工作业人员不得从事安拆项目。

（6）安装时必须先将大车行走限位装置及限位器碰块安装牢固、可靠。

（7）安装时必须将各部位的栏杆、平台、护链、扶杆、护圈等安全防护零部件装齐，并在安装后作详细检查。

（8）安装时，每道工序完毕后，应进行检查确认，对于关键工序应经技术人员检查确认后进行下道工序。

（9）当遇特殊情况安装作业不能连续进行时，必须将已安装的部位固定牢靠并达到安全状态，经检查确认无隐患后，方可停止作业。

（10）当遇到特殊情况影响下道工序或对安全性有影响时，应停止作业报技术人员，待新的作业方案确定后继续作业。

（11）塔式起重机的安拆作业应在白天进行，当遇大风、浓雾和雨雪等恶劣天气时，应停止作业。

（12）连接件及其防松防脱件严禁用其他代用品代用，连接件及其防松防脱件应用力矩扳手或专用工具紧固连接螺栓。

（13）安拆作业的人员，应听从指挥，如发现指挥信号不清或有错误时，应停止作业，联系清楚后再进行。

（14）安拆过程中，发现异常情况或疑难问题时，应及时向技术负责人反映，不得自行其是，应防止处理不当而造成事故。

（15）在安拆上回转、小车变幅的起重臂时，应根据出厂说明书的安拆要求进行，并应保持起重机的平衡。

（16）采用高强度螺栓连接的结构，应使用原厂制造的连接螺栓，连接螺栓时，应采用扭矩扳手或专用扳手，并应按装配技术数据要求拧紧。

（17）安装中必须将大车行走缓冲止挡器和限位开关碰块安装牢固、可靠，并应将各部位的栏杆、平台、扶杆、护圈等安全防护装置装齐。

（18）在因损坏或其他原因而不能用正常方法拆卸时，必须按照技术部门批准的安全拆卸方案进行。

（19）安装过程中，必须分阶段进行技术检验，整机安装完毕后，应进行整机技术检验和调整，并填写检验记录，经技术负责人审查签证后，方可交付使用。

（20）安装起重臂时严禁下方有人员停留，起吊标准节时严禁从人员上方通过。

（21）严禁使用塔式起重机载运安装作业人员。

（22）塔式起重机不宜在夜间进行安装作业，当需在夜间进行塔式起重机安装和拆卸作业时，应保证提供足够的照明。

（23）安装、拆卸中需要动用电气焊时，应报现场安全管理人员同意，必要时办理“动火证”后作业。

（24）安装完毕后，应及时清理施工现场的辅助用具和杂物。

3. 塔式起重机安装后的安全性能检查规定

（1）检查塔式起重机所有安全装置是否灵敏、有效，发现失灵的安全装置，应及时修复或更换，所有安全装置调整后，应加封固定，以防擅自调整。

（2）配电箱应设置在轨道中部，电源电路中应装设错相及断相保护装置及紧急断电开关，电缆卷筒应灵活、有效，不得拖缆。

（3）当同一施工地点有两台以上起重机时，应保持两机间任何接近部位（包括吊重物）距离不得小于 2 m。

（4）遇连续大雨天气，塔式起重机顶升或安装附着锚固装置之后，应检查混凝土基础是否有不均匀的沉降。

（5）塔式起重机试车前重点检查的项目应符合下列要求：

1）金属结构和工作机构的外观情况正常。

2）各安全装置和各指示仪表齐全、完好。

3）各齿轮箱、液压油箱的油位符合规定。

4）主要部位连接螺栓无松动。

5）钢丝绳磨损情况及各滑轮穿绕符合规定。

6）供电电缆无破损。

（6）试车送电前，各控制器手柄应在零位，当接通电源时，应采用试电笔检查金属结构部分，确认无漏电后，方可上机。

（7）试车时应进行空载运转，试验各工作机构是否运转正常，发现噪声及异响应检查排除。

（8）对于装有上、下两套操纵系统的塔式起重机，不得上、下同时运行。

（9）试车中当停电或电压下降时，应立即将控制器扳到零位，并切断电源，如吊钩上挂有重物，应稍松稍紧反复使用制动器，使重物缓慢地下降到安全地带。

（10）采用涡流制动调速系统的塔式起重机，不得长时间在低速挡或慢就位速度试运行。

（11）试车完毕后，塔式起重机起重臂应转到顺风方向，并松开回转制动器，小车及平衡重应置于非工作状态，吊钩升到离起重臂顶端2～3 m处，塔式起重机应停放在轨道中间位置。

（12）试车停机时，应将每个控制器拨回零位，依次断开各开关，关闭操纵室门窗，下机后，应锁紧夹轨器，使起重机与轨道固定，断开电源总开关，打开高空指示灯。

（13）检修人员上塔身、起重臂、平衡臂等高空部位检查或修理时，必须系好安全带。

（14）塔式起重机在无线电台、电视台或其他强电磁波发射天线附近施工时，与吊钩接触的安拆人员，应戴绝缘手套和穿绝缘鞋，并应在吊钩上挂接临时放电装置。

4. 塔式起重机安装和使用中的注意事项

塔式起重机安装和使用中发现下列情况之一，不得安装和使用：

（1）结构件上有可见裂纹和严重锈蚀的（10%）。

（2）主要受力构件存在塑性变形的。

（3）连接件存在严重磨损和塑性变形的。

（4）钢丝绳达到报废标准的。

（5）安全装置不齐全或失效的。

二、塔式起重机拆卸的操作规定

（1）塔式起重机拆卸作业宜连续进行，当遇特殊情况拆卸作业不能继续时，应采取措施保证塔式起重机处于安全状态。

（2）当用于拆卸作业的辅助起重设备设置在建筑物上时，应明确设置位置、锚固方法，并应对辅助起重设备的安全性及建筑物的承载能力等进行验算。

（3）拆卸前应检查主要结构件、连接件、电气系统、起升机构、回转机构、变幅机构、顶升机构等项目。发现隐患应采取措施，解决后方可进行拆卸作业。

（4）拆卸作业，应根据专项施工方案要求实施，拆卸作业人员应分工明确、职责清楚，拆卸前应对拆卸作业人员进行安全技术交底。

（5）拆卸前应检查塔式起重机的安全装置必须齐全，并应按程序调试合格。

（6）附着式塔式起重机应明确附着装置的拆卸顺序和方法。

（7）自升式塔式起重机每次降节前，应检查顶升系统和附着装置的连接等，确认完好后方可进行作业。

（8）拆卸完毕后，为塔式起重机拆卸作业而设置的所有设施应拆除，清理场地上作业时所用的吊索具、工具等各种零配件和杂物。

第八节　塔式起重机安装拆卸施工管理

塔式起重机安装、拆卸技术性强，管理要求严格，稍有不慎极易造成安全事故。安全管理的目的就是针对塔式起重机安拆过程可能产生的各种风险进行前期策划、预防措施、过程监控，并以有效的管理控制措施保证安装质量达标，保证作业过程安全无事故。

一、塔式起重机安装专项施工方案

根据《危险性较大的分部分项工程管理规定》（住建部令　第37号）和《建筑施工塔式起重机安装、使用、拆卸安全技术规程》（JGJ 196—2010）的规定，塔式起重机安装属于危险性较大的作业项目范围，应当在安装、拆卸前编制《塔式起重机安装拆卸专项施工方案》和《塔式起重机安装专项应急预案》。

1.《塔式起重机安装拆卸专项施工方案》内容

（1）塔式起重机安装专项施工方案包括下列内容：

1）工程概况。

2）安装位置平面和立面图。

3）所选用的塔式起重机型号及性能技术参数。

4）基础和附着装置的设置。

5）爬升工况及附着节点详图。

6）安装顺序和安全质量要求。

7）主要安装部件的重量和吊点位置。

8）安装辅助设备的型号、性能、布置位置。

9）电源的设置。

10）施工人员配置。

11）吊索具和专用工具的配备。

12）安装工艺程序。

13）安全装置的调试。

14）重大危险源和安全技术措施。

15）应急预案等。

（2）塔式起重机拆卸专项施工方案包括下列内容：

1）工程概况。

2）塔式起重机位置的平面和立面图。

3）拆卸顺序。

4）部件的重量和吊点位置。

5）拆卸辅助设备的型号、性能、布置位置。

6）电源的设置。

7）施工人员配置。

8）吊索具和专用工具的配备。

9）重大危险源和安全技术措施。

10）应急预案等。

2. 工程概述

（1）概况：工程概况一般包含工程名称、建筑面积、建筑高度、标高、局部标高、楼号及楼层数，所使用塔式起重机的规格型号、技术参数、生产厂家等。

（2）由于塔式起重机安装涉及多工种协调作业，按作业分工，安装拆卸人员、起重司索信号工和塔式起重机司机都必不可少，且起重挂钩、指挥、吊运、就位、拼装、卸载作业非一个工种可以完成，因此所有参与人员都应掌握专项施工方案的基本内容及要领。

（3）塔式起重机基础施工，应符合塔式起重机使用说明书的要求，满足塔式起重机安装条件。

3. 安装位置平面和立面图

塔式起重机安装必须有安装位置的平立面图。目前，国内有许多项目采用 BIM 技术模拟设计塔式起重机现场平面布置，更加直观、科学、合理。

4. 所选用的塔式起重机规格型号及性能技术参数

为了便于掌握塔式起重机安装技术，下面以 QTZ80 型塔式起重机安装专项施工方案为范例进行介绍。某工程所选的 QTZ80 型小车变幅式水平臂塔式起重机的性能及技术参数，详见表 10-3。

表 10-3　QTZ80 塔式起重机整机技术参数

额定起重力矩/（t·m）	80
塔式起重机工作级别	A4

续表

<table>
<tr><td colspan="2">塔式起重机利用等级</td><td colspan="6">U4</td></tr>
<tr><td colspan="2">塔式起重机载荷状态</td><td colspan="6">Q2</td></tr>
<tr><td colspan="2" rowspan="3">机构工作级别</td><td colspan="3">起升机构</td><td colspan="3">M_5</td></tr>
<tr><td colspan="3">回转机构</td><td colspan="3">M_4</td></tr>
<tr><td colspan="3">牵引机构</td><td colspan="3">M_3</td></tr>
<tr><td colspan="2" rowspan="3">起升高度/m</td><td colspan="2">倍率</td><td colspan="2">独立式</td><td colspan="2">附着式</td></tr>
<tr><td colspan="2">a=2</td><td colspan="2">40.5</td><td colspan="2">160</td></tr>
<tr><td colspan="2">a=4</td><td colspan="2">40.5</td><td colspan="2">80</td></tr>
<tr><td colspan="2">最大起重量/t</td><td colspan="6">6</td></tr>
<tr><td colspan="2" rowspan="2">工作幅度/m</td><td colspan="3">最小幅度</td><td colspan="3">2.5</td></tr>
<tr><td colspan="3">最大幅度</td><td colspan="3">57</td></tr>
<tr><td rowspan="4">起升机构</td><td>倍率</td><td colspan="3">2</td><td colspan="3">4</td></tr>
<tr><td>起重量/t</td><td>1.5</td><td>3</td><td>3</td><td>3</td><td>6</td><td>6</td></tr>
<tr><td>速度/（m/min）</td><td>80</td><td>40</td><td>8.5</td><td>40</td><td>20</td><td>4.3</td></tr>
<tr><td>电机功率/kW</td><td colspan="6">24/24/5.4</td></tr>
<tr><td rowspan="2">回转机构</td><td>回转速度/（m/min）</td><td colspan="6">0.6</td></tr>
<tr><td>电机功率/kW</td><td colspan="6">2×2.2</td></tr>
<tr><td rowspan="2">牵引机构</td><td>回转速度/（m/min）</td><td colspan="6">40/20</td></tr>
<tr><td>电机功率/kW</td><td colspan="6">3.3/2.2</td></tr>
<tr><td rowspan="3">顶升机构</td><td>顶升速度/（m/min）</td><td colspan="6">0.6</td></tr>
<tr><td>电机功率/kW</td><td colspan="6">5.5</td></tr>
<tr><td>工作压力/MPa</td><td colspan="6">20</td></tr>
</table>

续表

<table>
<tr><td colspan="2">总功率/kW</td><td colspan="6">31.7（不含顶升机构电机）</td></tr>
<tr><td rowspan="2">平衡重量</td><td>起重臂长/m</td><td>57</td><td>55</td><td>52</td><td>50</td><td>47</td><td>45</td></tr>
<tr><td>重量/t</td><td>13.32</td><td>12.52</td><td>12.3</td><td>11.5</td><td>11.02</td><td>10.22</td></tr>
<tr><td rowspan="2">整机自重/t</td><td>独立式</td><td>32.18</td><td>32.00</td><td>31.84</td><td>31.66</td><td>31.47</td><td>31.29</td></tr>
<tr><td>附着式</td><td>71.31</td><td>71.13</td><td>70.97</td><td>70.79</td><td>70.60</td><td>70.42</td></tr>
<tr><td colspan="2">工作温度/℃</td><td colspan="6">−20～50</td></tr>
<tr><td colspan="2" rowspan="4">设计风压/Pa</td><td colspan="2">顶升工况</td><td colspan="2">工作工况</td><td colspan="2">非工作工况</td></tr>
<tr><td rowspan="3">最高处</td><td rowspan="3">100</td><td rowspan="3">最高处</td><td rowspan="3">250</td><td>0～20 m</td><td>800</td></tr>
<tr><td>20～100 m</td><td>1 100</td></tr>
<tr><td>大于 100 m</td><td>1 300</td></tr>
</table>

5. 爬升工况及附着节点（略）

6. 安装顺序和安全质量要求

（1）组织保障。塔式起重机安装安全管理组织体系如图 10-32 所示。

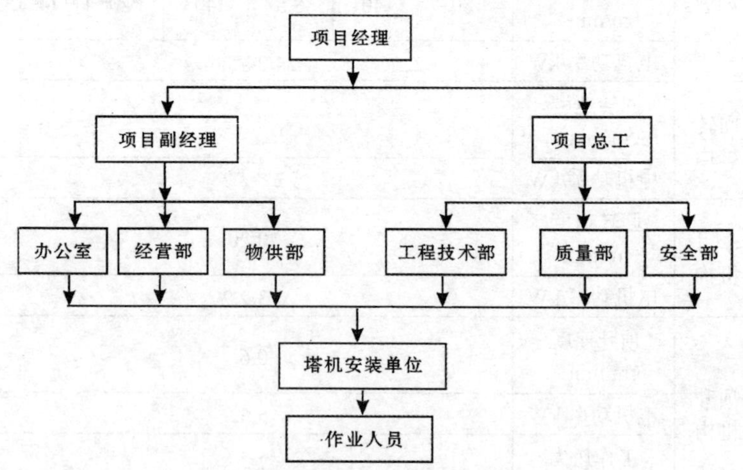

图 10-32　塔式起重机安装安全管理组织体系

（2）安全质量控制措施。项目部和塔式起重机安装单位负责对塔式起重机安装过程进行安全监管，包括日常检查、隐患处理、完善整改。塔式起重机安装安全控制措施如图10-33所示。

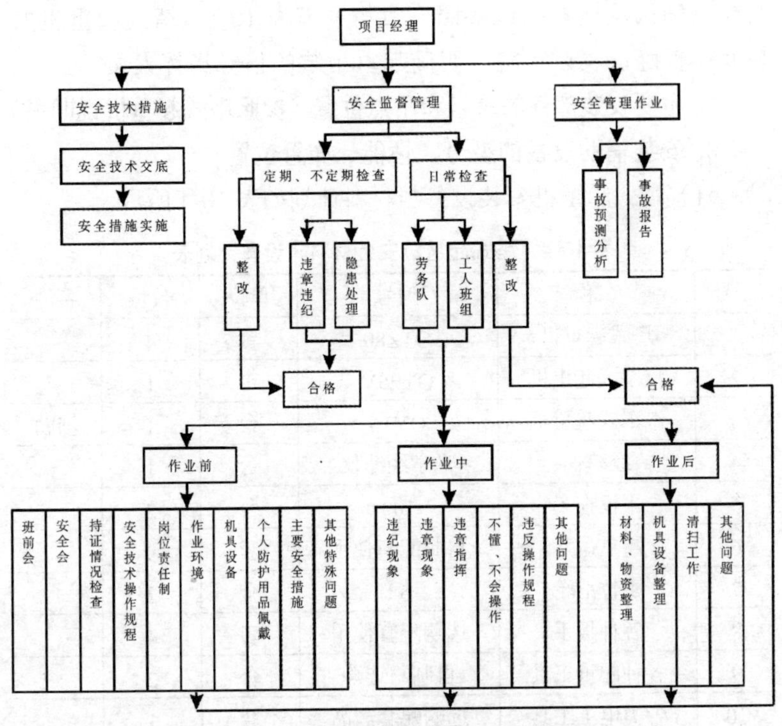

图10-33　塔式起重机安装安全控制措施

（3）方案交底。该专项施工方案由塔式起重机安装单位组织编制，交施工总承包单位组织审核，由总承包单位总工程师批准，报监理工程师核批；批准后的专项方案由总承包负责向塔式起重机单位进行技术交底，安装单位负责向操作人员进行技术交底，并有交底记录。

（4）检查与确认。塔式起重机安装前，安全监管人员应对安装人员进行危险源告知及紧急避险保护交底；质量员应当对安装的螺栓及销轴进行浸油除锈处理；塔式起重机安装的混凝土基础平整度纠偏后的验证确认；对塔式起重机安全装置的齐全性检查确认，检查确认参照本章第一节表 10-1《塔式起重机安装前检查确认表》实施；明确起重吊装的信号指挥人员。

7. 主要安装部件的重量和吊点位置（参照塔式起重机说明书）

8. 安装辅助设备的型号、性能、布置位置

（1）塔式起重机安装设备与材料计划如表 10-4 所示。

表 10-4　塔式起重机安装材料与设备计划表

序号	名称	型号	单位	数量	备注
1	塔式起重机	QTZ80	台	4	
2	汽车式起重机	QY25V	台	1	
3	汽车式起重机	QY16	台	1	辅助
4	经纬仪	光学经纬仪	台	1	
5	平板拖车	10 t	台	2	
6	超重吊索	自制配套使用	套	9	
7	手拉滑轮	5 t	个	2	
8	各种扳手	选购配套使用	套	4	
9	各种起重工具	自制与选购	套	2	
10	各类电工工具	选购配套产品	套	1	
11	斜铁	30×9×150	块	8	
12	安全带	五点式	根	9	
13	黄油	钙基润滑脂	kg	9	
14	安全警戒线	带彩色小旗	m	50	
15	线锤	0.5 kg	只	1	

（2）现场准备。在塔式起重机进场前，落实起重机进场道路铺设与平整，清除障碍物；起重机站位的地基承载可靠性和回转半径

的障碍清除；设置安全警戒绳和危险源告知牌，指定专人负责各项工作。

（3）安装计划。依据安装租赁合同的相关要求和施工单位安排的进场时间，安装单位按要求将塔式起重机运输至施工现场，及时组织安装，初拟定塔式起重机进场后一周内正式交付使用。

（4）安装辅助设备的型号、性能。

9. 重大危险源和安全技术措施

（1）重大危险性分析：塔式起重机安装可能存在以下安全风险：

1）高处作业人员可能导致高处坠落事故。

2）交叉作业人员可能导致物体打击事故。

3）临时用电作业人员可能导致触电事故。

4）安装、拆卸中使用起重机人员可能导致起重伤害事故。

5）外力影响可能出现塔式起重机倾覆、冲顶、坠落事故。

6）时下正值高温阶段，容易导致人员中暑事故。

（2）针对重大危险源制定以下安全技术控制措施：

1）依据《建筑施工高处作业安全技术规范》（JGJ 80—2016）和《建筑施工安全检查标准》（JGJ 59—2011）以及《建筑施工作业劳动防护用品配备及使用标准》（JGJ 184—2009）的规定，制定具体的高处作业和交叉作业安全管理规定。

2）依据《施工现场临时用电安全技术规范（附条文说明）》（JGJ 46—2005）和《手持式电动工具的管理、使用、检查和维修安全技术规程》（GB/T 3787—2017）规定，制定具体的临时用电作业安全管理规定。

3）依据《起重设备安装工程施工及验收规范》（GB 50278—2010）和《起重吊运指挥信号》（GB 5082—1985）规定，制定具体的起重吊装作业及外力影响可能出现塔式起重机倾覆、冲顶、坠落事故安全管理规定。

4）依据《建设工程施工现场环境与卫生标准》（JGJ 146—2013）规定，制定高温阶段防中暑安全管理规定。

10. 应急预案

（1）依据《生产经营单位生产安全事故应急预案编制导则》（GB/T 29639—2013）规定，塔式起重机安装应当编制现场处置方案或专项应急预案。

（2）项目部和安装单位应当准备以下应急物资：

1）常备物资：消毒用品、急救用品、防中暑物品、担架等；

2）项目部和安装现场准备一辆机动车，以便应急使用；

3）安装现场准备一个消防灭火器和砂子，以及其他应急物资。

（3）事故应急处置程序：

1）事故发生后，现场第一目击者应当在第一时间向项目部负责安全的领导报告。

2）安装单位负责人应当及时向项目部领导报告（不超过 1 小时），并组织抢救。

3）如果发生人员伤亡事故，应当尽快联络报警、报案，保护现场，封闭现场。

（4）现场事故施救与应急处置：

1）塔式起重机安装过程中可能发生的事故主要有：机具伤人、火灾事故、触电事故、高温中暑、中毒窒息、高处坠落、落物伤人等。

2）火灾事故应急处置：及时报警，组织扑救，集中力量控制火势。注意人身安全，积极抢救被困人员，配合消防人员扑灭大火。

3）触电事故应急处置：立即切断电源或用干燥木棒、竹竿等绝缘工具将电线挑开。伤员被救后，观察其呼吸、心跳情况，可采取人工呼吸、心脏按压术，并且注意其他损伤的处理。

4）高温中暑应急处置：将中暑人员移至阴凉的地方，解开衣服让其平卧，头部不要垫高。用凉水或50%酒精擦其全身，直至皮肤发红、血管扩张以促进散热，降温过程中要密切观察。及时补充水分和无机盐，及时处理呼吸、循环衰竭，医疗条件不完善时，及时送医院治疗。

5）其他人身伤害应急处置：当发生如高空坠落、被高空坠物击中、中毒窒息和机具伤人等人身伤害时，应立即向项目部报告、排除其他隐患，防止救援人员受到伤害，积极对伤员进行救治。

11. 计算书及相关图纸

依据2018年6月1日实施的《危险性较大的分部分项工程安全管理办法》第7条规定，专项施工方案应附计算书及相关图纸。

二、塔式起重机安装后检验检测

1. 检验检测规定

（1）总体规定。塔式起重机安装后使用前，由安装单位组织质量监督人员对安装后塔式起重机进行自行检查、纠偏校验、消除缺陷；并委托第三方进行检验检测，第三方检验检测合格后，向总承包报告，由总承包组织安装单位、监理单位、塔式起重机使用单位、塔式起重机租赁单位对安装后的塔式起重机进行联合验收；联合验收合格后，由总承包单位向塔式起重机使用所在地行政主管部门履行备案登记手续。自此安装后的塔式起重机方可进入正式使用阶段。

（2）塔式起重机顶升加节后使用前，由安装单位组织质量监督人员对顶升加节后的塔式起重机进行自行检查、纠偏校验、消除缺陷；由总承包组织安装单位、监理单位、塔式起重机使用单位、塔式起重机租赁单位对顶升加节后的塔式起重机进行联合验收；联合验收合格后，由总承包单位登记归档，塔式起重机安装单位备案。

2. 塔式起重机安装自检

塔式起重机安装单位对安装后的塔式起重机，应依照《建筑施工塔式起重机安装、使用、拆卸安全技术规程》（JGJ 196—2010）的“塔式起重机安装自检表”，组织相关人员进行自检验，详见表10-5。

表 10-5　塔式起重机安装自检表

设备型号		设备编号		
设备生产厂		出厂日期		
工程名称		安装单位		
工程地址		安装日期		
资料检查项				
序号	检查项目	要求	结果	备注
1	隐蔽工程验收单和混凝土强度报告	齐全		
2	安装方案、安全交底记录	齐全		
3	塔式起重机转场保养作业单或新购设备的进场验收单	齐全		
基础检查项				
序号	检查项目	数据	结果	备注
1	地基允许承载能力/（kN/m^2）	—	—	
2	基坑围护形式	—	—	
3	塔式起重机距基坑边距离/m	—	—	
4	基础下是否有管线、障碍物或不良地质	—	—	
5	排水措施（有、无）	—	—	
6	基础位置、标高及平整度			
7	塔式起重机底架的水平度			
8	行走式塔式起重机导轨的水平度			
9	塔式起重机接地装置的设置	—	—	
10	其他	—	—	

续表

机械检查项					
名称	序号	检查项目	要求	结果	备注
标识与环境	1	登记编号牌和产品标牌	齐全		
	2	塔式起重机与周围环境关系	尾部与建（构）筑物及施工设施之间的距离不小于0.6 m		
			两台塔式起重机之间的最小架设距离应保证处于低位塔式起重机的起重臂端部与另一塔式起重机的塔身之间至少有2 m的距离，处于高位塔式起重机的最低位置的部件与低位塔式起重机中处于最高位置部件之间的垂直距离不应小于2 m		
			与输电线的距离应不小于《塔式起重机安全规程》（GB 5144—2006）的规定		
金属结构件	3	主要结构	无可见裂纹和明显变形		
	4	主要连接螺栓	齐全，规格和预紧力达到使用说明书要求		
	5	主要连接销轴	销轴符合出厂要求，连接可靠		
	6	过道、平台、栏杆、踏板	符合《塔式起重机安全规程》（GB 5144—2006）的规定		
	7	梯子、护圈、休息平台	符合《塔式起重机安全规程》（GB 5144—2006）的规定		

续表

机械检查项						
名称	序号	检查项目		要求	结果	备注
金属结构件	8	附着装置		设备位置和附着距离符合方案规定，结构形式正确，附墙与建筑物连接牢固		
	9	附着杆		无明显变形，焊缝无裂纹		
金属结构件	10	在空载、风速不大于3 m/s状态下	独立状态塔身（或附着状态下最高附着点以上塔身）	塔身轴心线对支承面的垂直度≤4/1 000		
	11		附着状态下最高附着点以下塔身	塔身轴心线对支承面的垂直度≤2/1 000		
	12	内爬式塔式起重机的爬升框与支承钢梁、支承钢梁与建筑结构之间的连接		连接可靠		
爬升与回转	13*	平衡阀或液压锁与油缸间的连接		应设平衡阀或液压锁，且与油缸用硬管连接		
	14	爬升装置防脱功能		自升式塔式起重机在正常加节、降节作业时，应具有可靠的防止爬升装置在塔身支承中或油缸端头从其连接结构中自行（非人为操作）脱出的功能		
	15	回转限位器		对回转处不设集电器供电的塔式起重机，应设置正反两个方向的回转限位开关，开关动作时臂架旋转角度应不大于±540°		

续表

机械检查项

名称	序号	检查项目	要求	结果	备注
起升系统	16*	起重力矩限位器	灵敏可靠，限制值＜额定载荷的 110%，显示误差≤±5%		
	17*	起升高度限位	对动臂变幅和小车变幅的塔式起重机，当吊钩装置顶部升至起重臂下端的最小距离为 800 mm 处时，应能立即停止起升运动		
	18	起重量限制器	灵敏可靠，限制值＜额定载荷的 110%，显示误差≤±5%		
变幅系统	19	小车断绳保护装置	双向均应设置		
	20	小车断轴保护装置	应设置		
	21	小车变幅检修挂篮	连接可靠		
	22*	小车变幅限位和防臂架后翻装置	对小车变幅的塔式起重机，应设置小车行程限位开关和终端缓冲装置，限位开关动作后应保证小车停车时其端部距缓冲装置最小距离为 200 mm		
	23*	动臂式变幅限位和防臂架后翻装置	动臂变幅有最大和最小幅度限位器，限制范围符合使用说明书要求，防止臂架反弹后翻的装置牢固、可靠		
机构及零部件	24	吊钩	钩体无裂纹、磨损、补焊、危险截面，钩筋无塑性变形		
	25	吊钩防钢丝绳脱钩装置	应完整、可靠		
	26	滑轮	滑轮应转动良好，出现下列情况应报废： ①裂纹或轮缘破损。 ②滑轮绳槽壁厚磨损量达原壁厚的 20%。		

续表

机械检查项					
名称	序号	检查项目	要求	结果	备注
机构及零部件	26	滑轮	③滑轮槽底的磨损量超过相应钢丝绳直径的25%		
	27	滑轮上的钢丝绳防脱装置	应完整、可靠，该装置与滑轮最外缘的间隙不应超过钢丝绳直径的20%		
	28	卷筒	卷筒壁不应有裂纹，筒壁磨损量不应大于原壁厚的10%，多层缠绕的卷筒，端部应有比最外层钢丝绳高出2倍钢丝绳直径的凸缘		
机构及零部件	29	卷筒上的钢丝绳防脱装置	卷筒上钢丝绳应排列有序，设有防钢丝绳脱槽装置，该装置与卷筒最外缘的间隙不应超过钢丝绳直径的20%		
	30	钢丝绳完好度	见本表钢丝绳检查项		
	31	钢丝绳端部固定	符合使用说明书规定		
	32	钢丝绳穿绕方式、润滑与干涉	穿绕正确、润滑良好、无干涉		
	33	制动器	起升、回转、变幅、行走机构都应配备制动器，制动器不应有裂纹、过度磨损、塑性变形、缺件等缺陷。调整适宜，制动平衡、可靠		
	34	传动装置	固定牢固、运行平稳		
	35	有可能伤人的活动零部件出露部分	防护罩齐全		

续表

机械检查项					
名称	序号	检查项目	要求	结果	备注
电气及保护	36*	紧急断电开关	非自动复位，有效，且便于司机操作		
	37*	绝缘电阻	主电路和控制电路的对地绝缘电阻不应小于0.7 MΩ		
	38	接地电阻	接地系统应便于复核检查，接地电阻不大于4 Ω		
	39	塔式起重机专用开关箱	单独设置并有警示标志		
	40	声响信号器	完好		
	41	保护零线	不得作为载流回路		
	42	电源电缆与电缆保护	无破损、老化，与金属接触处有绝缘材料隔离，移动电缆时电缆卷筒或其他防止磨损措施		
	43	障碍指示灯	塔顶高度大于30 m且高于周围建筑物时安装，该指示灯的供电不应受停机的影响		
轨道	44	行走轨道端部止挡装置与缓冲	应设置		
	45*	行走限位装置	制停后距止挡装置≥1 m		
	46	防风夹轨器	应设置，有效		
	47	排障清轨板	清轨板与轨道之间的间隙不应大于5 mm		
	48	钢轨接着位置及误差	支承在道木或路基箱上时，两侧错开≥1.5 mm；间隙≤4 mm；高差≤2 mm		
	49	轨距误差及轨距拉杆设置	＜1/1 000且最大应＜6 mm；相邻两根间距≤6 m		

续表

机械检查项					
名称	序号	检查项目	要求	结果	备注
司机室	50	性能标牌（显示器）	齐全、清晰		
	51	门窗和灭火器、雨刷等附属设施	齐全、清晰		
	52*	可升降司机室或乘人升降机	按《吊笼有垂直导向的人货两用施工升降机》（GB 26557—2011）检查		
其他	53	平衡重、压重	安装准确，牢固、可靠		
	54	风速仪	臂架根部铰点高于 50 m 时应设置		

钢丝绳检查项					
序号	检验项目	报废标准	实测	结果	备注
1	钢丝绳直径沿长度等值减小量	单层股钢丝绳和平行捻密实钢丝绳、阻旋转钢丝绳实测直径相对公称直径减小 5%～10%即报废。具体报废基准根据不同钢丝绳类型参照《起重机、钢丝绳、保养、维护、检验和报废》（GB/T 5972—2016）第 6.3 条判断			
2	常用规格钢丝绳在 6 *d* 和 30 *d* 长度范围内达到报废基准的断丝数	单层股钢丝绳和平行捻密实钢丝绳、阻旋转钢丝绳中达到报废程度的最少可见断丝数参照《起重机、钢丝绳、保养、维护、检验和报废》（GB/T 5972—2016）第 6.2 条判断			
3	钢丝绳的变形和损伤	出现波浪形时，参照《起重机、钢丝绳、保养、维护、检验和报废》（GB/T 5972—2016）第 6.6.2 条报废基准判断			

续表

<table>
<tr><th colspan="6">钢丝绳检查项</th></tr>
<tr><th>序号</th><th>检验项目</th><th>报废标准</th><th>实测</th><th>结果</th><th>备注</th></tr>
<tr><td rowspan="4">3</td><td rowspan="4">钢丝绳的变形和损伤</td><td>笼状畸变、绳芯或绳股突出或扭曲、钢丝的环状突出等，变形严重的应报废</td><td></td><td></td><td></td></tr>
<tr><td>钢丝绳出现严重的扭结、扁平和弯折现象应报废</td><td></td><td></td><td></td></tr>
<tr><td>绳径局部严重增大或减小均应报废</td><td></td><td></td><td></td></tr>
<tr><td>断股、腐蚀、热和电弧引起的损伤应报废</td><td></td><td></td><td></td></tr>
<tr><td>4</td><td>其他情况描述</td><td colspan="4"></td></tr>
<tr><td rowspan="2">检查结果</td><td>保证项目不合格项数</td><td></td><td>一般项目不合格基数</td><td colspan="2"></td></tr>
<tr><td>资料</td><td></td><td>结论</td><td></td><td></td></tr>
<tr><td colspan="2">检查人</td><td></td><td>检查日期</td><td colspan="2">年　月　日</td></tr>
</table>

说明：①表中序号打*的为保证项目，其他为一般项目；

②对于不符合要求的项目应在备注栏具体说明，对于要求量化的参数应按规定量化在备注栏内；

③表中 d 表示钢丝绳公称直径；

④钢丝绳直径减少量=［（参考直径-实测直径）/公称直径］×100%。

3. 安装后的检验

安装单位自检合格后，应委托有相应资质的检验检测机构进行检验检测，检验检测机构应出具检验检测报告。检验检测机构应依据《建筑施工升降设备设施检验标准》（JGJ 305—2013）及其他国家现行相关标准开展检验检测工作。检验检测不合格的不得投入使用。塔式起重机使用检验周期为 1 年。需填写的塔式起重机检验报告见表 10-6。

表 10-6　塔式起重机检验报告

<table>
<tr><td colspan="2">工程名称</td><td colspan="3"></td><td colspan="3">使用单位</td><td></td></tr>
<tr><td colspan="2">施工地点</td><td colspan="3"></td><td colspan="3">监理单位</td><td></td></tr>
<tr><td colspan="2">检验单位</td><td colspan="3"></td><td colspan="3">安装单位</td><td></td></tr>
<tr><td colspan="2">检验证号</td><td colspan="3"></td><td colspan="3">塔式起重机型号</td><td></td></tr>
<tr><td colspan="2">生产厂家</td><td colspan="3"></td><td colspan="3">塔式起重机产品标牌固定</td><td></td></tr>
<tr><td colspan="2">出厂日期</td><td colspan="3"></td><td colspan="3">受检塔式起重机机位编号</td><td></td></tr>
<tr><td colspan="2">出厂编号</td><td colspan="3"></td><td colspan="3">安装位置坐标</td><td></td></tr>
<tr><td colspan="2">备案编号</td><td colspan="3"></td><td colspan="3">最大额度起重量</td><td></td></tr>
<tr><td colspan="2">安装告知日期</td><td colspan="3"></td><td colspan="3">最大幅度/安装幅度</td><td></td></tr>
<tr><td colspan="2">使用年限</td><td colspan="3"></td><td colspan="3">检验时安装高度</td><td></td></tr>
<tr><td colspan="2">最大安装高度</td><td colspan="3"></td><td colspan="3">检验时安装附着数</td><td></td></tr>
<tr><td colspan="2">拟安装附着道数</td><td colspan="3"></td><td colspan="4"></td></tr>
<tr><td colspan="2">检验依据</td><td colspan="7"></td></tr>
<tr><td rowspan="4">主要检验仪器设备</td><td>仪器（工具）名称</td><td>型号</td><td>编号</td><td>仪器状态</td><td>仪器（工具）名称</td><td>型号</td><td>编号</td><td>仪器状态</td></tr>
<tr><td></td><td></td><td></td><td></td><td></td><td></td><td></td><td></td></tr>
<tr><td></td><td></td><td></td><td></td><td></td><td></td><td></td><td></td></tr>
<tr><td></td><td></td><td></td><td></td><td></td><td></td><td></td><td></td></tr>
<tr><td rowspan="2">检验结果</td><td>保证项目不合格数</td><td colspan="3"></td><td>一般项目不合格数</td><td colspan="3"></td></tr>
<tr><td colspan="8">检验单位（章）
签发日期：</td></tr>
</table>

批准：　　　　审核：　　　　检验：

续表

<table>
<tr><th>序号</th><th>项目类别</th><th>检验内容及要求</th><th>检验结果</th><th>检验结论</th></tr>
<tr><td>1</td><td rowspan="10">资料复核</td><td>产品出厂合格证、监督检验证明、特种设备制造许可证、备案证明</td><td></td><td></td></tr>
<tr><td>2</td><td>安装告知手续</td><td></td><td></td></tr>
<tr><td>3</td><td>安装合同及安全协议</td><td></td><td></td></tr>
<tr><td>4</td><td>专项施工方案</td><td></td><td></td></tr>
<tr><td>5</td><td>地基承载力勘察报告</td><td></td><td></td></tr>
<tr><td>6</td><td>基础验收及其隐蔽工程资料</td><td></td><td></td></tr>
<tr><td>7</td><td>基础混凝土强度报告</td><td></td><td></td></tr>
<tr><td>8</td><td>预埋件或地脚螺栓产品合格证</td><td></td><td></td></tr>
<tr><td>9</td><td>塔式起重机安装前检查表</td><td></td><td></td></tr>
<tr><td>10</td><td>安装自检记录</td><td></td><td></td></tr>
<tr><td>11*</td><td rowspan="4">使用环境</td><td>塔式起重机尾部分与周围建筑物及其外围施工设施之间的安全距离不应小于 0.6 m</td><td></td><td></td></tr>
<tr><td>12*</td><td>两台塔式起重机之间的最小架设距离，处于低位的塔式起重机的臂架端部与任意一台塔式起重机塔身之间的距离不应小于 2 m，处于高位塔式起重机的最低位置的部件与低位塔式起重机处于最高位置的部件之间的垂直距离不应小于 2 m</td><td></td><td></td></tr>
<tr><td>13*</td><td>塔式起重机独立高度或自由端高度都不应大于使用说明书规定的允许高度</td><td></td><td></td></tr>
<tr><td>14*</td><td>有架空输电线的场所，塔式起重机的任何部位与架空线路边线的最小安全距离应符合下表规定
<table>
<tr><td rowspan="2">安全距离/m</td><td colspan="7">电压/kV</td></tr>
<tr><td><1</td><td>10</td><td>35</td><td>110</td><td>220</td><td>330</td><td>500</td></tr>
<tr><td>沿垂直方向</td><td>1.5</td><td>3.0</td><td>4.0</td><td>5.0</td><td>6.0</td><td>7.0</td><td>8.5</td></tr>
<tr><td>沿水平方向</td><td>1.5</td><td>2.0</td><td>3.5</td><td>4.0</td><td>6.0</td><td>7.0</td><td>8.5</td></tr>
</table></td><td></td><td></td></tr>
</table>

续表

序号	项目类别	检验内容及要求	检验结果	检验结论
15*	基础	基础应符合使用说明书的要求		
16		基础应有排水设施，不得积水		
17*	结构件	主要结构件应无明显塑性变形、裂纹、严重锈蚀和可见焊接缺陷		
18*		结构件、连接件的安装应符合使用说明书的要求		
19*		销轴轴向定位应可靠		
20*		高强度螺栓连接应按照说明书要求预紧，应有双螺母防松措施且螺栓高出螺母顶平面的 3 倍螺距		
21*		平衡重、压重的安装数量、位置与臂长组合及安装应符合使用说明书的要求，平衡重、压重吊点应完好		
22*	结构件	塔式起重机安装后，在空载、风速不大于 3 m/s 状态下，独立状态塔身（或附着状态下最高附着点以上塔身）轴心线的侧向垂直度允许偏差不应大于 4/1 000，最高附着点以下塔身轴心线的垂直度允许偏差不应大于 2/1 000		
23		塔式起重机的斜梯、直立梯、护圈和各平台应当位置正确，安装应齐全完整，无明显可见缺陷，并应符合使用说明书的要求		
24		平台钢板网不得有破损		
25		休息平台应设置在不超过 12.5 m 的高度处，上部休息平台的间隔不应大于 10 m		
26*		塔身高度超过使用说明书规定的最大独立高度时，应设有附着装置		
27*	行走系统	轨道应通过垫块与轨枕可靠地连接，每间隔 6 m 应设一个轨距拉杆。钢轨接头处应有轨枕支承，不应悬空，在使用过程中轨道不应移动		

续表

序号	项目类别		检验内容及要求	检验结果	检验结论
28	行走系统		轨距允许误差不应大于公称值的 1/1 000，其绝对值不应大于 6 mm		
29	行走系统		钢轨接头间隙不应大于 4 mm，与另一侧钢轨接头的错开距离不应小于 1.5 m，接头处两轨顶高度差不应大于 2 mm		
30*	行走系统		塔式起重机安装后，轨道顶面纵横方向上的倾斜度，对于上回转塔式起重机不应大于 3/1 000；对于下回转塔式起重机不应大于 5/1 000。在轨道全程中，轨道顶面任意两点的高度差应小于 100 mm		
31	行走系统		轨道行程两端的轨顶高度不宜低于其余部位中最高点的轨顶高度		
32*	起升机构	钢丝绳	钢丝绳的规格、型号应符合使用说明书的要求，并应正确穿绕。钢丝绳润滑应良好，与金属结构无摩擦		
33*	起升机构	钢丝绳	钢丝绳绳端固结应符合使用说明书的要求		
34*	起升机构	钢丝绳	钢丝绳应符合现行国家标准《起重机钢丝绳　保养、维护、安装、检验和报废》(GB/T 5972—2016）的规定		
35	起升机构	卷扬机	卷扬机应无渗漏，润滑应良好，各连接紧固件应完整、齐全；当额定荷载试验工况时，应运行平稳、无异常声响		
36*	起升机构	卷扬机	卷筒两侧边缘超过最外层钢丝绳的高度不应小于钢丝绳直径的 2 倍，卷筒上的钢丝绳排列应整齐有序		
37	起升机构	卷扬机	卷筒上钢丝绳绳端固结应符合使用说明书的要求		
38	起升机构	卷扬机	当吊钩位于最低位置时，卷筒上钢丝绳应至少保留 3 圈		

续表

序号	项目类别	检验内容及要求		检验结果	检验结论
39	起升机构	滑轮卷筒	滑轮转动应不卡滞，润滑应良好		
40			卷筒和滑轮有下列情况之一时应报废： ——裂纹或轮缘破损； ——卷筒壁磨损量达原壁厚的 10%； ——滑轮绳槽壁厚磨损量达原壁厚的 20%； ——滑轮槽底的磨损量超过相应钢丝绳直径的 25%		
41*		制动器	制动器零件不得有下列情况之一： ——可见裂纹； ——制动块摩擦衬垫磨损量达原厚度的 50%； ——制动轮表面磨损量达 1.5～2 mm； ——弹簧出现塑性变形； ——电磁铁杠杆系统空行程超过其额定行程的 10%		
42*			制动器制动可靠，动作平稳		
43			防护罩完好、稳固		
44*		吊钩	心轴固定应完整、可靠		
45*			吊钩防止吊索或吊具非人为脱出的装置应可靠有效		
46*			吊钩不得补焊，有下列情况之一的应予以报废： ——用 20 倍放大镜观察表面有裂纹； ——钩尾和螺纹部分等危险截面及钩筋有永久性变形； ——挂绳处截面磨损量超过原高度的 10%； ——心轴磨损量超过其直径的 5%； ——开口度比原尺寸增加 10%		
47	回转机构	回转减速机应固定可靠、外观应整洁、润滑应良好；在非工作状态下臂架应能自由旋转			

续表

序号	项目类别	检验内容及要求	检验结果	检验结论
48	回转机构	齿轮啮合应均匀平衡，且无断齿、啃齿		
49		回转机构防护罩应完整，无破损		
50*	变幅系统	钢丝绳、卷筒、滑轮、制动器的检验应符合《起重机钢丝绳　保养、维护、安装、检验和报废》（GB/T 5972—2016）第 8.2.5 条的规定		
51*		变幅小车结构应无明显变形，车轮间距应无异常		
52*		小车维修挂篮应无明显变形，安装应符合使用说明书规定的要求		
53		车轮有下列情况之一的应予以报废： ——可见裂纹； ——车轮踏面厚度磨损量达原厚度的 15%； ——车轮轮缘厚度磨损量达原厚度的 50%		
54*	防脱装置	钢丝绳必须设有防脱装置，该装置与滑轮及卷筒轮缘的间距不得大于钢丝绳直径的 20%		
55*	顶升系统	液压系统应有防止过载和液压冲击的安全溢流阀		
56*		顶升液压缸应有平衡阀或液压锁，平衡阀或液压锁与液压缸之间不得采用软管连接		
57		泵站、阀锁、管路及其接头不得有明显渗漏油渍		
58*	司机室	结构应牢固，固定应符合使用说明书的要求		
59		应有绝缘地板和符合消防要求的灭火器，门窗应完好，起重特性曲线图（表）、安全操作规程标牌应固定牢固，清晰可见		
60*	安全装置 起升高度限位器	动壁变幅的塔式起重机，当吊钩装置顶部升至起重臂下端的最小距离为 800 mm 处时，应能立即停止起升运动。对没有变幅重物平移功能的动臂变幅的塔式起重机，还应同时切断向外变幅控制回路电源，但应有下降和向内变幅运动		

续表

序号	项目类别		检验内容及要求	检验结果	检验结论
61*	安全装置	起升高度限位器	小车变幅的塔式起重机，当吊钩装置顶部至小车架下端的最小距离为 800 mm 处时，应能立即停止起升运动，但应有下降运动		
62*	安全装置	起重力矩限制器和起重量限制器	当起重力矩大于相应幅度额定值并小于额定值的 110%时，应停止上升和向外变幅动作		
63			力矩限制控制定码变幅的触点和控制定幅变码的触点应分别设置，且应能分别调整		
64*			当小车变幅的塔式起重机最大变幅速度超过 40 m/min，在小车向外运动，且起重力矩达到额定值得的 80%时，变幅速度应自动转换为不大于 40 m/min		
65*			当起重量大于最大额定起重量并小于最大额定起重量的 110%时，应停止上升方向动作，但应有下降方向动作。具有多挡变速的起升机构，限制器应对各挡位具有防止超载的作用		
66*		幅度限位器	动臂变幅的塔式起重机应设有幅度限位开关，在臂架到达相应的极限位置前开关应能动作，停止臂架再往极限方向变幅		
67*			小车变幅的塔式起重机应设有小车行程限位开关和终端缓冲装置。限位开关动作后应保证小车停车时其端部距缓冲装置最小距离为 200 mm		
68*			动臂变幅的塔式起重机应设有臂架极限位置的限制装置，该装置应能有效防止臂架向后倾翻		

续表

序号	项目类别		检验内容及要求	检验结果	检验结论
69	安全装置	其他安全保护装置	回转处不设集电器供电的塔式起重机，应设有正反两个方向的回转限位器，限位器动作时臂架旋转角度不应大于±540°		
70*			轨道行走式塔式起重机应设行程限位装置及抗风防滑装置。每个运行方向的行程限位装置包括限位开关、缓冲器和终端止挡，行程限位装置应保证限位开关动作后，塔式起重机停车时其端部距缓冲器之间的最小距离应为 1 000 mm，缓冲器距终端止挡最小距离应为 1 000 mm，终端止挡距轨道尾端最小距离应为 1 000 mm；非工作状态抗风防滑装置应有效		
71*			小车变幅的塔式起重机应设小车断绳保护装置，且在向前及向后两个方向上均应有效		
72*			小车变幅的塔式起重机应设小车防坠落装置，且应有效、可靠		
73*			自升式塔式起重机应具有爬升装置防脱功能，且应有效、可靠		
74			臂根铰点高度超过 50 m 的塔式起重机，应配备风速仪。当风速大于工作允许风速时，应能发出停止作业的警报信号		
75*	电气系统	供电系统应符合《施工现场临时用电安全技术规范》（JGJ 46—2005）的规定			
76*		动力电路和控制电路的对地绝缘电阻不应低于 0.5 MΩ			
77		塔式起重机应有良好的照明，照明供电不应受停机的影响			
78		塔顶和臂架端部应安装有红色障碍指示灯，电源供电不应受停机的影响			

续表

序号	项目类别		检验内容及要求	检验结果	检验结论
79	电气系统		电气柜或配电箱应有门锁。门内应有原理图或布线图、操作指示等，门外应有警示标志		
80*			塔式起重机应设有短路、过流、欠压、过压及失压保护、零位保护、电源错相及断相保护装置，并应齐全		
81*			塔式起重机的金属结构、轨道、所有电气设备的金属外壳、金属线管、安全照明的变压器低压侧等均应可靠接地，接地电阻不应大于 4 Ω，重复接地电阻不应大于 10 Ω		
82*			塔式起重机应设置有非自动复位的、能切断塔式起重机总控制电源的紧急断电开关，该开关应设在司机操作方便的地方		
83			在司机室内明显位置应装有总电源开合状况的指示信号灯和电压表		
84*			零线和接地线必须分开，接地线严禁作载流回路。塔式起重机结构不得作为工作零线使用		
85			轨道行走式塔式起重机的电缆卷筒应具有张紧装置，电缆收放速度与塔式起重机运行速度应同步。电缆在卷筒上的连接应牢固，电缆电气接点不宜被拉曳		
86	功能测试	空载试验	塔式起重机空载状态下，起升、回转、变幅、运行各动作的操作试验、检查应符合下列规定： ——操作系统、控制系统、连锁装置应动作准确、灵活； ——各行程限位器的动作准确、可靠； ——各机构中无相对运动部位应无漏油现象，有相对运动的各机构运动的平衡性，应无爬行、震颤、冲击、过热、异常噪声等现象		

续表

<table>
<tr><th>序号</th><th>项目类别</th><th colspan="2">检验内容及要求</th><th>检验结果</th><th>检验结论</th></tr>
<tr><td>87*</td><td>功能测试</td><td>额定载荷实验</td><td>应符合《塔式起重机》（GB/T 5031—2019）的规定</td><td></td><td></td></tr>
</table>

注：1. 表中序号打*的为保证项目，其他为一般项目；

2. 要求量化的参数应按实测数据填在检验结果中，无实测数据的填写观测到的状况。

4. 验收

根据《建筑施工塔式起重机安装、使用、拆卸安全技术规程》（JGJ 196—2010）规定，“塔式起重机安装后经自检、检验检测合格后，应由总承包单位组织出租、安装、使用、监理等单位进行验收，并应按规定填写验收表，合格后方可使用。”详见表 10-7。

表 10-7　塔式起重机安装联合验收记录表

<table>
<tr><td colspan="3">工程名称</td><td colspan="6"></td></tr>
<tr><td rowspan="2">塔式起重机</td><td>型号</td><td></td><td>设备编号</td><td></td><td>起升高度</td><td colspan="3">m</td></tr>
<tr><td>幅度</td><td>m</td><td>起重力矩</td><td>kN·m</td><td>最大起重量</td><td>t</td><td>塔高</td><td>m</td></tr>
<tr><td colspan="4">与建筑物水平附着距离</td><td>m</td><td>各道附着间距</td><td>m</td><td>附着道数</td><td></td></tr>
<tr><td colspan="2">验收部位</td><td colspan="5">验收要求</td><td colspan="2">结果</td></tr>
<tr><td colspan="2" rowspan="4">塔式起重机结构</td><td colspan="5">部件、附件、连接件安装齐全，位置正确</td><td colspan="2"></td></tr>
<tr><td colspan="5">螺栓拧紧力矩达到技术要求，开口销完全撬开</td><td colspan="2"></td></tr>
<tr><td colspan="5">结构无变形、开焊、疲劳裂纹</td><td colspan="2"></td></tr>
<tr><td colspan="5">压重、配重的重量与位置符合使用说明书要求</td><td colspan="2"></td></tr>
</table>

续表

验收部位	验收要求	结果
基础与轨道	地基坚实、平整，地基或基础隐蔽工程资料齐全、准确	
	基础周围有排水措施	
	路基箱或枕木铺设符合要求，夹板、道钉使用正确	
	钢轨顶面纵，横方向上的倾斜不大于 1/1 000	
	塔式起重机底架平整度符合使用说明书要求	
	止挡装置距钢轨两端距离不小于 1 m	
	行走限位装置距止挡装置距离不小于 1 m	
	钢轨接头间隙不大于 4 mm，接头高低差不大于 2 mm	
机构及零部件	钢丝绳在卷筒上面缠绕整齐、润滑良好	
	钢丝绳规格正确，断丝和磨损未达到报废标准	
	钢丝绳固定和编插符合国家及行业标准	
	各部位润滑轮转动灵活、可靠，无卡塞现象	
	吊钩磨损未达到报废标准，保险装置可靠	
	各机构转动平稳，无异常响声	
	各润滑点润滑良好，润滑油牌号正确	
	制动器动作灵活、可靠，联轴节连接良好，无异常	
附着锚固	锚固框架安装位置符合规定要求	
	塔身与锚固框架固定牢靠	
	附着框、锚杆、附着装置等各处螺栓、销轴齐全、正确、可靠	

续表

验收部位	验收要求	结果
附着锚固	垫铁、楔块等零部件齐全、可靠	
	最高附着点下塔身轴线对支承面垂直度不得大于相应高度的 2/1 000	
	独立状态或附着状态下最高附着点以上	
	塔身轴线对支承面垂直度不得大于 4/1 000	
	附着点以上塔式起重机悬臂高度不得大于规定要求	
电气系统	供电系统电压稳定、正常工作、电压 380×（1±10%）V	
	仪表、照明、报警系统完好、可靠	
	控制、操纵装置动作灵活、可靠	
	电气按要求设置短路和过电流，失压及零位保护	
	切断总电源的紧急开关符合要求	
	电气系统对地的绝缘电阻不大于 0.5 MΩ	
安全限位与保险装置	起重量限制器灵敏、可靠，其综合误差不大于额定值的±5%	
	力矩限制器灵敏、可靠，其综合误差不大于额定值的±5%	
	回转限位器灵敏、可靠	
	行走限位器灵敏、可靠	
	变幅限位器灵敏、可靠	
	超高限位器灵敏、可靠	
	顶升横梁防脱钩装置完好、可靠	

续表

验收部位	验收要求	结果
安全限位与保险装置	滑轮、卷筒上钢丝绳防脱装置完好、可靠	
	小车断绳保护装置灵敏、可靠	
	小车断轴保护装置灵敏、可靠	
环境	布设位置合理，符合施工组织设计要求	
	与架空线最小距离符合规定	
	塔式起重机的尾部与周围建（构）筑物及其外围施工设施之间的安全距离不小于 0.6 m	
其他	对检测单位意见进行复查	
出租单位验收意见： 签章： 日期：	安装单位验收意见： 签章： 日期：	
使用单位验收意见： 签章： 日期：	监理单位验收意见： 签章： 日期：	
总承包单位验收意见： 签章： 日期：		

三、塔式起重机试验方法

塔式起重机试验方法分为：空载试验、额定载荷试验、连续作业试验、110%额定载荷动载试验、拖行试验、安全装置试验、125%额定载荷静载试验等几种。

1. 空载试验

塔式起重机在空载状态下，进行起升、回转、变幅三个作业循环的空载试验。吊钩起升到最大起升高度位置，再下降到离地面500～1 500 mm 处，上升下降过程中各进行制动一至两次；行走式塔式起重机往返运行各 20 m；小车变幅在工作全幅度范围内往返各变幅一次；左右各转 180° 以上一次。

此后检查：

① 操作系统、控制系统、联锁装置动作准确性和灵活性；

② 各行程限位器的动作准确性和可靠性；

③ 各机构中无相对运动部位是否有漏油现象，有相对运动部位的渗漏情况，各机构运动的平稳性，是否有爬行、震颤、冲击、过热、异常噪声等现象；

④ 试验中各机构动作应平稳、灵活、无异常现象。

2. 额定载荷试验

按表 12-8 进行。每一项工况的试验不少于 3 次。各参数的测定值取 3 次测量的算术平均值。

3. 连续作业试验

连续作业循环次数不少于 30 次，中途因故停机，循环次数应重新计算。

作业循环的规定：吊重为 70%最大额定起重量，在相应幅度起升不小于 10 m，回转 180° 以上再回到原位，在相应幅度至最小幅度间往返变幅一次，吊重下降到地面。这个作业过程为一次作业循环。

对于轨道运行的塔式起重机，作业循环还应包括往返运行 20 m 以上距离。

试验完毕测量减速器温升，检查各部件是否有损坏及异常现象。

4. 拖行试验

对拖行式自行架设塔式起重机（快装塔），拖行试验总里程应不少于 20 km，其中 1.2 倍最大拖行速度连续拖运里程不少于 5 km。

5. 110%额定载荷动载试验

按表 10-9 进行。每一项工况的试验不少于 3 次。每一次的动作停稳后再进行下一次启动。

表 10-8　塔式起重机额定载荷试验

工况	试验方法					试验目的
	起升	变幅		回转	运行	
		动臂变幅	小车变幅			
最大幅度相应的额定起重量	在起升全程范围内以额定速度进行起升、下降，在每一起升、下降过程中进行不少于3次的正常制动	在最大幅度和最小幅度间，臂架以额定速度进行俯仰变幅	在最大幅度和最小幅度间，小车以额定速度进行两个方向的变幅	以额定速度进行左右回转。对不能全回转的塔式起重机，应超过最大回转角	以额定速度往复行走。臂架垂直于轨道，吊重离地 500 mm 左右，往返运行不小于 20 m	测量各机构的运动速度；机构及司机室噪声；力矩限制器、起重量限制器精度
最大额定起重量相应的最大幅度		—	在最小幅度和对应该起重量允许的最大幅度间，小车以额定速度进行两个方向的变幅			
具有多挡变速的起升机构，每挡速度允许的额定起重量		—				测量每挡的工作速度

注：1. 对设计规定不能带载变幅的动臂式塔式起重机，可不按本表规定进行带载变幅试验；

2. 对可变速的其他机构，应进行试验并测量各挡的工作速度。

表 10-9　110%额定载荷动载试验

<table>
<tr><th rowspan="3">工况</th><th colspan="5">试验方法</th><th rowspan="3">试验目的</th></tr>
<tr><th rowspan="2">起升</th><th colspan="2">变幅</th><th rowspan="2">回转</th><th rowspan="2">运行</th></tr>
<tr><th>动臂变幅</th><th>小车变幅</th></tr>
<tr><td>最大幅度相应额定起重量的 110%</td><td rowspan="4">在起升全程范围内以额定速度进行起升、下降</td><td>在最大幅度和最小幅度间，臂架以额定速度进行俯仰变幅</td><td>在最大幅度和最小幅度间，小车以额定速度进行两个方向的变幅</td><td rowspan="3">以额定速度进行左右回转的塔式起重机，应超过最大回转角</td><td rowspan="3">以额定速度往复行走。臂架垂直于轨道，吊重离地 500 mm 左右，往返运行不小于 20 m</td><td rowspan="4">根据设计要求进行组合动作试验，并目测检查各机构运转的灵活性和制动器的可靠性。卸载后检查机构及结构各部件有无松动和破坏等异常现象</td></tr>
<tr><td>起吊最大额定起重量的 110%，在该吊重相应的最大幅度时</td><td rowspan="2">—</td><td rowspan="2">在最小幅度和对应该起重量允许的最大幅度间，小车以额定速度进行两个方向的变幅</td></tr>
<tr><td>在上两个幅度的中间幅度处，相应额定起重量的 110%</td></tr>
<tr><td>具有多挡变速的起升机构，每挡速度允许的额定起重量的 110%</td><td colspan="4">—</td></tr>
<tr><td colspan="7">对设计规定不能带载变幅的动臂式塔式起重机，可不按本表规定进行带载变幅试验</td></tr>
</table>

6. 125%额定载荷静载试验

按表 10-10 进行，试验时臂架分别位于与塔身成 0° 和 45° 的两个方位。

表 10-10　125%额定载荷静载试验

工　况	试验方法	试验目的
最大幅度相应额定起重量的 125%	起升额定载荷，离地 100～200 mm，停稳后，逐次加载至 125%，测量载荷离地高度，停留 10 min 后同一位置测量并进行比较	检查制动器可靠性，并在卸载后目测检查塔式起重机是否出现可见裂纹、永久变形、油漆剥落、连接松动及其他可能对塔式起重机性能和安全有影响的隐患
起吊最大额定起重量的 125%，在该吊重相应的最大幅度时		
在上两个幅度的中间幅度处，相应额定起重量的 125%		

注：1. 试验时不允许对制动器进行调整；

2. 试验时允许对力矩限制器、起重量限制器进行调整。试验后应重新将其调整到规定值。

第九节　塔式起重机的使用

随着我国生产建设规模的不断扩大和机械化、自动化程度的不断提高，塔式起重机在建筑工地上的使用已经非常普遍。由于塔式起重机比其他机械有着突出的特殊性，从保证安全出发，国家规定把它作为特种设备进行管理，要求合理选用、正确操作、科学维护。因此正确掌握塔式起重机的使用、维护、保养及维修知识，为避免事故的发生，延长机械的使用寿命，充分发挥塔式起重机的作用与效益，降低对塔式起重机的损耗，具有重要的作用。

一、塔式起重机的使用条件

塔式起重机的使用应符合《建筑施工塔式起重机安装、使用、拆卸安全技术规程》（JGJ 196—2010）和《建筑起重机械安全监督管理规定》（建设部令　166 号）的规定。

（1）启用塔式起重机前应检查下列项目：

1）塔式起重机的备案登记证明等文件。

2）建筑施工特种作业人员的操作资格证书。

3）专项施工方案。

4）辅助起重机械的合格证及操作人员资格证。

（2）建立塔式起重机技术档案，应包括下列内容：

1）随机文件购销合同、制造许可证、产品合格证、制造监督检验证明（适用时）、安装使用说明书、电气原理图和布线图以及配线目录等，备案证明等原始资料。

2）定期检验报告、定期自行检查记录、定期维护保养记录、维修和技术改造记录、运行故障和生产安全事故记录、累计运转记录等运行资料。

3）历次安装验收资料。

（3）有下列情况的塔式起重机严禁使用：

1）国家明令淘汰的产品。

2）超过规定使用年限经评估不合格的产品。

3）不符合国家或行业标准的产品。

4）没有完整安全技术档案的产品。

（4）塔式起重机其他使用条件：

1）对购买的旧塔式起重机，应有最近两年完整的运转履历书和相关修理资料。在使用塔式起重机前，应对塔式起重机的钢结构件、起升机构、回转机构、变幅机构、液压顶升机构、电气系统、操纵系统、安全装置等各部分进行检查、试验，保证其工作可靠。

2）大修出厂的塔式起重机要有出厂检验合格证。

3）对停用时间超过一个月的塔式起重机在重新启用时，必须做好各部分的润滑、保养检查工作，对各机构和安全装置进行验证和调整，对控制系统也要进行检修。

4）对正在使用的塔式起重机（包括新购买的、旧的、大修出厂的以及停用 1 年以上的塔式起重机）应按说明书提供的技术性能，根据塔式起重机生产的国家有关标准规定进行检查、试验，性能试验报告填入相关报表中，经第三方检验检测合格后，并提交给上级主管部门。

二、塔式起重机使用前的检查

（1）塔式起重机驾驶员交接班时要认真做好交接班登记手续，检查机械履历书、交接班记录及有关部门规定的记录填写和记载是否齐全。当发现和怀疑机械有异常情况时，交班驾驶员和接班驾驶员必须当面交接，严禁交班驾驶员和接班驾驶员不接头或经他人转告交班。

（2）塔式起重机各主要螺栓（底架、标准节之间，上、下支座与回转支承之间等）应连接紧固，主要焊缝不应有裂纹和开焊等缺陷。

（3）电气部分：按有关要求检查起重机的接地和接零保护设施；工作电源电压应为 380 V±5%；在接通电源前，各控制器应处于零位；操作系统应灵敏准确，电气元件工作正常，导线接头、各元器件的固定应牢固，无接触不良及导线裸露等现象。

（4）检查机械传动减速机的润滑油油量和油质，做到定期更换润滑油，以保证减速机传动零件的性能及寿命。

（5）检查液压油箱和制动储油装置中的油量是否符合规定，

并且油路应无泄漏。

（6）检查各工作机构的制动器是否动作灵活、制动可靠。

（7）吊钩及各部分滑轮、导绳轮等应转动灵活，无卡塞现象，各部钢丝绳应完好，固定端牢固可靠。

（8）按照《塔式起重机使用说明书》检查高度限位器、幅度限位器的距离，塔式起重机的安全操作距离必须符合《塔式起重机安全规程》（GB 5144—2006）中的有关规定。

（9）塔式起重机遭受到风速超过 25 m/s 的暴风（相当于 9 级风）袭击，或经过中等地震后，必须对塔式起重机进行全面检查，经主管技术部门认可后，方能投入使用。

（10）塔式起重机司机在作业前必须进行如下各项检查，确认完好后，方可开始起重作业。

① 空载运转一个作业循环。

② 试吊重物。

③ 核定和检查起升高度、幅度、回转等限位装置及起重量限制器、起重力矩限制器、断绳保护器等安全保护装置。

（11）对于附着式（外爬式）塔式起重机，应对附着装置进行检查，包括对塔身附着框架的检查、附着杆的检查以及对附着杆与建筑物连接情况的检查。

1）塔身附着框架的检查。

① 附着框架在塔身上的安装必须安全可靠，在塔身上的固定必须牢固，并符合《塔式起重机使用说明书》中的有关规定。

② 各连接杆不应缺少或松动。

2）附着杆的检查。

① 附着杆与附着框架、附着杆与附着杆之间的连接必须牢固、安全可靠。

② 附着杆与建筑物的连接情况。

3）附着杆与建筑物的连接情况。

① 与附着杆相连接的建筑物不应有裂纹或损坏。

② 工作中附着杆与建筑物的锚固连接必须牢固，不应有错动。

③ 各连接件应齐全、可靠。

根据对施工现场发生的塔式起重机事故的调查统计，出现下列情况是塔式起重机发生安全事故的主要诱因更要严格控制。

① 结构件上有可见裂纹和严重锈蚀的。

② 主要受力构件存在塑性变形的。

③ 连接件存在严重磨损和塑性变形的。

④ 钢丝绳达到报废标准的。

⑤ 安全装置不齐全或失效的。

三、塔式起重机的使用

塔式起重机的使用，必须在安全可靠的状态下操作，塔式起重机司机在作业过程中必须严格遵守执行以下规定：

（1）塔式起重机必须在符合设计图规定的固定基础上工作。

（2）在塔式起重机的任何部位，不得悬挂标牌，避免标牌在塔式起重机上产生附加风载荷，额外增加对塔式起重机不利的工作状况。

（3）司机必须熟悉所操作的起重机的性能，了解机构构造，熟知机械的保养和安全操作规程，掌握所操作塔式起重机的各种安全保护装置的结构、工作原理及维护方法，发生故障时必须立即排除，不得操作安全装置失灵的塔式起重机。操作过程中，严格按照塔式起重机的使用说明书的规定进行操作使用。起重吊物时，应严格按照贴在驾驶室里的塔式起重机起重性能表进行起重物，严禁超载。驾驶员应拒绝在重量限制器或力矩限制器不正常的情况下上机操作。力矩限制器在正确操作塔式起重机的情况下是不动作的，即不报警，只有在超载状况下才动作。因此平时往往引不起注意。驾驶员要经常检查力矩限制器，压一压力矩限制器上行程开关的触头，若报警铃响，证明力矩限制器是正常的，不报警，就是有故障，应修理调整好后，才可以操作塔式起重机。

（4）严禁斜拉、斜拽重物，吊拔埋在地下或黏结在地面、设备上和重物以及不明重量的重物。由于斜拉、斜拽重物时，相当于对塔式起重机会产生一个附加的水平倾翻力矩，而力的力臂是塔式起重机的高度，故附加水平倾翻力矩是比较大的，对塔式起重机的安全稳定性是有很大危害的，司机应坚决抵制这样野蛮的操作方式。

（5）塔式起重机开始工作时，司机应首先发出音响信号，回应指挥的信号，并提醒工作现场的作业人员注意。

（6）吊挂重物时，必须符合下列规定：

① 吊钩必须用吊具、索具吊挂重物，严禁直接用吊钩吊挂重物。

② 起吊短碎物料时，必须用强度足够的网、袋包装，不能直接捆扎起吊；起吊细长物料时，物料最少捆扎两处，并且用两个吊点吊运，在整个吊运过程中，应使物料处于水平状态。

③ 在整个吊运重物过程中，重物不得摆动、旋转；不得吊运不稳定的重物，吊运体积较大的重物，应拉溜绳；不得在起吊的重物上悬挂任何重物。吊运重物不得从人头顶通过，起重臂下严禁站人。放下吊钩时，不要让吊钩落地，吊钩落地会引起钢丝绳松弛使钢丝绳反弹、脱槽现象的发生。这种现象一旦发生，必须立即处理解决。

④ 吊运重物时，不得猛起猛落，以防吊运过程中发生物料散落、松绑、偏斜等情况。起吊重物时，先将重物吊起离地面 50 mm 左右停住，确定制动、物料捆扎、吊点位置和吊具、索具无问题后，方可指挥操作。重物已吊起至一定高度时，如发现有下滑现象，应

立即打回低速挡，绝不可以打向高速挡。因为在功率一定的情况下，起升速度在起升重量是反比例关系，重载低速，轻载高速。对于用电磁离合器换挡的起升机构，在重载下，不允许在空中换挡。

⑤ 操纵控制器时必须从零挡位开始，然后逐步推到所需要的挡位；传动装置做反向运行时，控制器先回零位，再逐挡逆向操作，禁止越挡操作和急停急开。因急停急开，使塔式起重机在短时间内产生很大的冲击力，相应的塔式起重机就会产生很大的应力，安全稳定性大大降低，对塔式起重机的结构、钢结构具有很大的破坏作用。不要过多地使用点动方式工作，因为点动是一个启动过程，瞬间会产生很大的破坏作用。

⑥ 司机在操作过程中必须集中精力，当安全装置显示或报警时，必须按塔式起重机使用说明书中的有关规定进行操作。

⑦ 塔式起重机正常工作时的风速为不大于 20 m/s，超过 20 m/s 时，禁止操作塔式起重机。正常工作温度为-20～+40°C。

(7) 不允许塔式起重机超载作业，在特殊情况下如需超载，不得超过额定载荷的 10%，并由使用部门提出超载使用的可行性分析报告和超载使用申请报告，报告应包括下列内容：

① 超载作业项目和内容。

② 超载作业的吊次和超载值。

③ 超载作业过程中所必须采取的安全措施。

④ 作业项目和使用部门负责人签字。

⑤ 设备主管部门和主管技术负责人对上述报告审查后签署意见并签字。

(8) 超载使用时，必须选派有经验的塔式起重机司机操作和选派有经验的指挥人员指挥作业。

(9) 在起升过程中，当吊钩滑轮组接近起重臂 5 m 时，应用低速起升，严防与起重臂顶撞；严禁用自由下降的方式下降吊钩和重物，当重物下降距就位点 1 m 处时，必须采用慢速就位。

（10）作业中平移起吊重物时，重物距所跨越障碍物的高度不小于 1 m；不得起吊带人的重物，禁止用塔式起重机吊运人员。

（11）作业中，临时停歇或停电时，必须将重物卸下，升起吊钩，将各操作手柄置于“零”位。如因停电无法升、降重物，则应根据现场的具体情况，经相关人员研究，采取适当的措施。

（12）塔式起重机在使用过程中，严禁对传动部分、运动部分以及运动部件所涉及区域做维修、保养、调整等工作。

（13）塔式起重机在工作过程中，遇有下列情况应停止作业：

① 恶劣气候，如大雨、大雪、大雾，超过允许工作风力 20 m/s 等，影响安全作业。

② 塔式起重机出现漏电现象。

③ 钢丝绳严重磨损、扭曲、断股、打结或脱槽。

④ 安全保护装置失效。

⑤ 各传动机构出现异常现象和有异常响声。

⑥ 钢结构件部分发生变形，主要受力结构件的焊缝出现裂纹。

⑦ 塔式起重机发生其他妨碍作业及影响安全的故障。

（14）钢丝绳在卷筒上缠绕必须整齐，若出现爬绳、乱绳、啃绳、断绳和多层缠绕时各层间的绳索发生互相塞挤的现象时，应立即停止作业，问题解决后方可继续作业。塔式起重机在出厂时，所有的钢丝绳的内扭力都已释放，在塔式起重机作业时，若钢丝绳打扭现象严重，应该停止操作，拆下绳头，尽量放出绳长，使内扭力释放后，再将钢丝绳装上。

（15）不允许在塔式起重机的各个部位上乱放工具、零配件或杂物，严禁从塔式起重机上向下抛扔物品。

（16）塔式起重机司机必须在规定的通道内上、下塔式起重机，不允许在无平台的高空中从塔式起重机内翻到塔式起重机外或从塔式起重机外翻到塔式起重机内。上下塔式起重机时，不得携带任何物件。

（17）多台塔式起重机作业时，应避免各塔式起重机在回转半径内重叠作业。在特殊情况下，需要重叠作业时，必须符合下列规定：两台塔式起重机之间的最小架设距离应保证处于低位塔式起重机的起重臂端面与另一台塔式起重机之间至少有 2 m 的距离；处于高位塔式起重机的最低位置的部件（吊钩升到最高点或平衡重的最低位）与低位塔式起重机中处于最高位部件之间和垂直距离不应小于 2 m。

（18）塔式起重机司机必须专心操作，作业中不得离开驾驶室；塔式起重机运转时，司机不得离开操作位置。

（19）塔式起重机作业时，禁止无关人员上下塔式起重机，驾驶室内不得放置易燃易爆物品、危险品和妨碍操作的物品，防止触电和火灾事故的发生。驾驶室内应配备有消防器材。

（20）在夜间工作时，作业现场必须有足够的照明，并打开红色障碍指示灯。

（21）塔式起重机应定机定人，由专人负责，非机组人员不得进入驾驶室擅自进行操作；在处理机械、电气故障时，必须有专职维修人员两个以上。

（22）每班工作后的要求：

① 凡是回转机构带有制动装置或常闭式制动器的塔式起重机，在停止作业后，驾驶员必须松开制动，绝对禁止限制起重臂随风转动。

② 对小车变幅的塔式起重机，应将小车开到说明书中规定的位置，并且将吊钩起升到最高点，吊钩上严禁吊挂重物；对动臂式塔式起重机，将起重臂放在最大幅度位置。

③ 把各控制器拉到零位，切断总电源，将所用的工具收集摆放好，关好所有门窗并加锁，夜间打开红色障碍指示灯。

④ 凡是在底架以上无栏杆的各部位进行检查、维修、保养、加油、螺栓紧固等工作时，必须系好安全带。

⑤ 填好当天工作的履历书及各种记录。

四、塔式起重机各机构的操作要求及注意事项

1. 起升机构

起升机构的操作主要是要求平稳准确，严防超载和尽量减小冲击力。为此，操作人员必须了解所操作塔式起重机的构造和性能，特别是起升机构的调速方式，除遵守以上要求外，还应注意以下事项：

（1）起吊重物时，必须按低、中、高调速顺序起吊，每挡至少停 4 s 以上，不能越挡，以免产生大的冲击力；停车时，应按高、中、低调速顺序操作，这样重物就位准确可靠，制动平稳，冲击力小，且磨损也小。

（2）低速挡主要是在慢就位时使用，不能长期连续使用，以避免起升电机烧毁。

（3）吊钩接近上限位和重物将要落地时，必须提早降速，用低速就位，防止吊钩冲顶和重物对目标的冲击。

2. 回转机构

回转机构的操作主要也是要求平稳准确。启动回转时，静态惯性力大，一般需 6 s 左右的延迟时间才能至正常回转速度。延迟时间过短，会产生很大的回转扭矩，塔身特别是塔身上部会形成很大的摆动和扭转，对塔式起重机的钢结构有很大的破坏作用。停车时，动态惯性大，而且臂端的回转线速度也大，准确就位比较困难。

这就要求塔式起重机司机积累经验，掌握操作技巧，同时还要掌握下列事项：

（1）启动回转时，必须按低速挡、中速挡、高速挡顺序逐级提挡，绝不可越挡提速。回转加速度越大，产生的惯性扭矩也就越大，塔身上部摆动及扭转现象比较严重。

（2）在回转就位前，要求提早降速停车，大致提前多少角度降速停车，是靠经验和平时积累的技巧来掌握。在操作中，绝不允许使用回转定位的常开式电磁制动器来进行制动，否则会产生很大的摆动和扭转现象。

（3）回转就位，可以在低速挡下，采用逐步点动来实现。

（4）若配置的是调频调速回转机构，降速停车时，可直接打到低频低速挡，停留一会，使速度降下来后，再打到停车挡。不要一步步降低频率，以免产生较大的摆动和扭转现象。回转电动机就可以一步断电停车，塔式起重机也可以慢慢停下来，不会产生冲击，但它是靠阻尼溜车停下来的，溜车距离较大，需要的时间较长。调频电机从高速挡直接打到低速挡，不断电，会形成一个低速旋转磁场，起制动作用，就可以让电动机较快地降速，比直接断电停车好。

3. 变幅机构

变幅机构牵引载重小车只做水平移动，来回速度比较低，较容易掌握和操作。但载重小车的幅度变化，引起起重力矩的改变，若停车不及时，就会发生超力矩的现象，因此，对变幅机构的操作，主要是平稳停车，准确就位。

（1）变幅启动时，按照低速挡、中速挡、高速挡顺序启动；停车时，按高速挡、中速挡、低速挡顺序停车。

（2）当起吊远处重物时，提起重物后，应先将载重小车往回开，减小一定幅度后再回转，回转到方位差不多时，对着目标变幅就位。比较合理的变幅就位是载重小车由内向外开，这样可避免过大的回转力矩。

（3）当变幅牵引钢丝绳因松弛而下垂时，会使小车产生不均匀的爬行现象，也会使钢丝绳脱槽，这时应停止操作，使钢丝绳张紧。

（4）对于动臂变幅式塔式起重机的变幅机构，是一台功率较大的卷扬机，变幅时重物和起重臂都会升降，其安全要求更高，不允许在额定起重力矩下变幅，这一点需要特别注意。对制动器要求也很高，绝不允许出现打滑现象，打滑时起重力矩会越来越大，制动也就会越来越困难，故一定要低速制动停车。就位时应该是从外往内就位，这样起重力矩越来越小，变幅制动安全可靠。

4. 液压顶升机构

液压顶升机构是以液压油为工作介质，除了要正确选用液压油外，还必须保持油的清洁，特别要防止杂质和污物混入。

（1）塔式起重机在使用过程中，应使油箱中的液压油保持在正确的油位，保证系统中的循环冷却条件。

（2）防止油温过高，尽量把油的温度控制在35～60℃。

（3）油箱的油面要尽量大些，出油侧和回油侧要用隔板隔开，以达到消除气泡的目的。

（4）每次开始使用时，必须先试用，检查系统是否能够正常工作。

（5）在系统不工作时，油泵必须卸载。

第十一章　塔式起重机的常见故障及其排除方法

塔式起重机在工作中可能出现各种故障，这是很自然的，尤其在电气设备及液压系统方面故障较多。

第一节　塔式起重机电气设备常见故障及其排除方法

塔式起重机电气设备常见故障及其排除方法见表 11-1。

表 11-1　塔式起重机电气设备常见故障及其排除方法

序号	故障现象	检查办法	故障产生的可能原因	排除办法
1	通电后电机不转	观察	1. 定子回路某处中断	1. 用万用表查定子回路
			2. 保险丝熔断或过热保护器、热继电器动作	2. 检查熔断器、过热保护器、热继电器的整定值

续表

序号	故障现象	检查办法	故障产生的可能原因	排除办法
2	电动机不转，并发出嗡嗡响声	听声音	1. 电源线断了一相 2. 电动机定子绕组断相 3. 某处受卡或负载太重	1. 万用表查各项 2. 万用表量接线端子 3. 检查传动路线 4. 减小负荷
3	旋转方向不对	观察	接线相序不对	任意对调两电源线相序
4	电机运转时声音不正常	听声音	1. 接线方法错误 2. 轴承摩擦过大 3. 定子硅钢片未压紧	1. 改正接线方法 2. 更换轴承 3. 压紧硅钢片
5	电动机发热过快，温度过高	1. 手摸 2. 温度计量 3. 闻到烧焦味	1. 电机超负荷运行 2. 接线方法不对 3. 低速运行太久 4. 通风不好 5. 转子与定子摩擦	1. 减轻负荷 2. 检查接线方法 3. 严格控制低速运行时间 4. 改善通风条件 5. 检查供电电压、调整电压
6	电动机局部发热	同上	1. 断相 2. 绕阻局部短路 3. 转子与定子摩擦	1. 检查各相电流 2. 检查各相电阻 3. 检查间隙、更换轴承
7	电机满载时达不到全速	转速表测量	1. 转子回路中接触不良或有断线处 2. 转子绕组焊接不良	1. 检查导线、电刷、控制器、电阻器、排除故障 2. 拆开电机找出断线处焊好
8	电机转子功率小传动沉重	观察 听声音	1. 制动器调得过紧 2. 机械卡住 3. 转子电路、所串电阻不完全对称 4. 电路电压过低 5. 转子或定子回转中接触不良	1. 适当松开制动器 2. 排除卡的因素 3. 检查各部分的接触情况 4. 检查电源电压 5. 检查各接触端子
9	操纵停止时，电动机停不了	观察	控制器（或接触器）触点放电或弧焊熔结及其他阻碍触头跳不动	检查控制器、接触器触头的间隙，清理或更换触头

续表

序号	故障现象	检查办法	故障产生的可能原因	排除办法
10	滑环与电刷之间产生电弧火花	观察	1. 电动机超负荷 2. 滑环和电刷表面太脏 3. 滑环不正，有偏斜	1. 减少载荷 2. 清除脏物 3. 调节电刷压力 4. 校正滑环
11	电刷磨损太快	观察	1. 弹簧压力过大 2. 滑环表面摩擦面不良 3. 型号选择不当	1. 调节压力 2. 研磨滑环 3. 更换电刷型号
12	控制器扳不动或转不到位	拨动控制器	1. 定位机构有毛病 2. 凸轮有卡住现象	1. 修理触头 2. 检查各接线头
13	控制器通电时电动机不转	观察	1. 控制器触头没接通 2. 控制器接线不良	1. 修理触头 2. 检查各接线头
14	控制器接通时过电流继电器动作	观察	1. 控制器里较脏，使临近触点短接 2. 导线绝缘不良，被击穿短路 3. 触头与外壳短接	1. 除尘去脏 2. 加敷绝缘 3. 矫正触头位置
15	电动机只能单方向运转	观察	1. 反向控制器触头接触不良 2. 控制器中传动机构有毛病或反向交流接触器有毛病	1. 修理触头 2. 检查反向交流接触器
16	控制器已拨到最高挡电机还达不到应有速度	观察	1. 控制器与电阻间的配线串线 2. 控制器传动部分或电阻器有毛病	1. 按图正确接线 2. 检查控制器和电阻器
17	制动电磁铁有很高的噪声	观察	1. 衔铁表面太脏，造成间隙过大 2. 硅钢片未压紧 3. 电压太低	1. 清除脏物 2. 纠正偏差，减小间隙 3. 电压低于 5%，应停止工作

续表

序号	故障现象	检查办法	故障产生的可能原因	排除办法
18	接触器有噪声	听声音	1. 衔铁表面太脏 2. 弹簧系统歪斜	1. 清除工作表面 2. 纠正偏斜、消除间隙
19	通电时，接触器衔铁掉不下来	观察	1. 接触器安放位置不垂直 2. 运动系统卡住	1. 垂直安放接触器 2. 检修运动系统
20	总接触器不吸合	观察	1. 控制器手柄不在中位 2. 线路电压过低 3. 过电流继电器或热继电器动作 4. 控制电路熔断器熔断 5. 接触器线圈烧坏或熔结 6. 接触器机械部分有毛病	逐项查找并排除
21	配电盘刀闸开关合上时，控制电路中就烧保险	用摇表或万用表测控制电路	控制电路中某处短路	排除短路故障
22	主接触器一通电，过流继电器就跳闸	同上	电路中有短路的地方	排除短路故障
23	各个机构都不动作	用电压表测量电路电压	1. 线路无电压 2. 引入线折断 3. 保险丝熔断	1. 检修电源 2. 使用万用表查电路 3. 更换保险丝
24	限位开关不起作用	观察	1. 限位开关内部或回路短路 2. 限位开关控制器的线接错	1. 排除短路故障 2. 恢复正确接线

续表

序号	故障现象	检查办法	故障产生的可能原因	排除办法
25	正常工作时，接触器经常断电		1. 接触器辅助触头压力不足 2. 互锁、限位、控制器接触不良	1. 修复触头 2. 检查有关电器，使回路通畅
26	安全装置失灵		1. 限位开关弹簧日久失效 2. 运输中碰坏限位器 3. 电路接线错误	1. 更换或修理电刷 2. 检修集电环 3. 更换或修理电刷弹簧
27	集电环供电不稳		电刷与滑环接触不良	1. 更换或修理电刷 2. 检修集电环 3. 更换或修理电刷弹簧

第二节　塔式起重机液压系统常见故障和排除方法

一、油温过高

液压油温过高的产生原因及排除方法见表 11-2。

表 11-2　液压油温升过高的产生原因及排除方法

产生原因	排除方法
1. 液压泵效率低，其容积、压力和机械损失较大，因而转化为热量较多	选择性能良好的，适用的液压泵
2. 系统沿途压力损失大，局部转化为热量	各种控制阀应在额定流量范围内，管路应尽量短，弯头要大，管径要按允许流速选取

续表

产生原因	排除方法
3. 系统泄漏严重，密封损坏	油的黏度要适当，过滤要好，元件配合要好，减少零件磨损
4. 回路设计不合理，系统不工作时油经溢流阀回油	不工作时，应尽量采用卸荷回路，用三位四通阀
5. 油箱本身散热不良，容积过小，散热面积不足。或储油量太少，循环过快	油箱容积应按散热要求设计制作，若结构受限，要增添冷却装置。储油量要足

二、噪声

产生噪声的原因及排除方法见表 11-3。

表 11-3　产生噪声的原因及排除方法

产生原因	排除方法
1. 系统吸入空气，油箱中油量不足，油量过低，油管侵入太短，吸油管与回油管靠得太近，或中间未加隔板，密封不严，不工作时有空气渗入	加足油量，油管侵入油面要有一定深度，吸油管与回油管之间要用隔板隔开，利用排气装置，快速全行程往返几次排气
2. 齿轮泵齿形误差大，泵的轴向间隙磨损大	两齿轮对研，啮合接触面应达到齿长的 65%，修磨轴向间隙
3. 液压泵与电动机安装不同心，换向过快，产生液压冲击	重新安装联轴节，要求同轴度小于 0.1 mm，手动换向阀要合适掌握，使换向平稳
4. 油液中脏物堵塞阻尼小孔，弹簧变形、卡死、损坏	清洗换油，疏通小孔，更换弹簧

三、爬行现象

产生油缸爬行的原因及排除方法见表 11-4。

表 11-4　产生油缸爬行的原因及排除方法

产生原因	排除方法
1. 空气进入系统，油液不干净，滤油器不定期清洗，不按时换油	定期检查清洗，定期更换油液
2. 运动件间摩擦阻力太大，表面润滑不良，零件的形位误差过大	改进设计，提高加工质量
3. 液压油缸内表面磨损，液体内部串腔	修磨液压缸，检修
4. 压力不足或无压力	提高回油背压

四、压力不足或无压

产生油压不足或无压的原因及其排除方法见表 11-5。

表 11-5　产生油压不足或无压的原因及其排除方法

产生原因	排除方法
1. 液压泵反转或转速未达要求，零件损坏，精度低，密封不严，间隙过大或咬死，液压泵吸油管阻力大或漏气	检查，修正，修复，更换
2. 液压缸动作不正常，漏油明显，活塞或活塞杆密封失效，杂物、金属屑损伤滑动面，缸内存在空气，活塞杆密封压得过紧，溢流阀被污物卡住处于溢流状态	排气，减少压紧力，清洗，更换阀芯、阀座，对溢流阀位作调整
3. 其他管路、节流小孔、阀口被污物堵塞，密封件损坏致使密封不严，压力油腔或回油腔串油	清晰疏通，修复更换

第十二章　塔式起重机事故原因分析及应急预案

第一节　倒塔事故及原因分析

一、基础不稳固或遇意外风暴袭击引发倒塔事故

因基础不符合要求而发生倒塔的事故有：

（1）地基设在沉陷不均的地方，或者地沟没有夯实就浇混凝土。用久了以后，发生局部下沉，而又没有采取补救措施。拼装式基础更要注意与地面紧密接合的问题。因为不是现浇的，一定要注意防止水泥块与地沟之间留有空穴，如图 12-1 所示。

（2）地基太靠近边坡，尤其是在有地下室的建筑物，基础离开挖坑边太近，在暴风雨后，容易滑坡倒塔。凡是离边坡很近的塔式起重机，在浇灌基础前一定要打桩或加固。

（3）虽然基础打下了桩，但桩下又挖得太空，实际有些桩没多少承载能力，局部塌陷而倒塔。这种事故已发生过，必须要靠工地有关负责人员掌握。

（4）混凝土基础浇灌不合要求，配比不对，达不到抗拉强度，

提早破裂。地脚螺栓松脱，发挥不了作用。

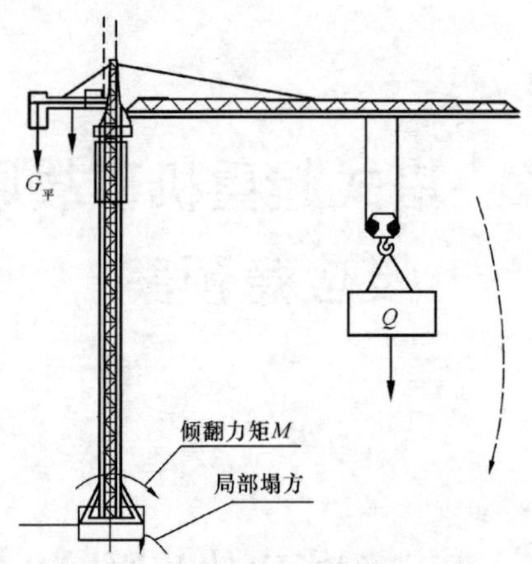

图 12-1　地基局部下塌引起倾倒

（5）基础浇灌后，不注意对混凝土的养护，未及时浇水降温，造成基础内部被浇坏，达不到强度要求。

（6）基础浇灌后，时间太短就使用，混凝土达不到强度要求，满足不了负载的要求。

（7）地脚螺栓钩内未穿插横杆，螺栓拉力传不出去，引起钩头局部混凝土破坏。

（8）有的塔式起重机用埋入半个钢架作基础，重复使用时不是用螺栓连接，而是将地上地下部分用气割割开又对焊上，容易发生焊缝开裂，或产生脆性疲劳断裂而倒塔。

（9）行走式塔式起重机压重平衡稳定储备量不足，在超载情况下易于发生倾翻倒塔。

（10）行走式塔式起重机，下班后忘记锁夹轨器，晚上突遭风暴袭击而倒塔，如图 12-2 所示。

（11）行走式塔式起重机，轨道铺设不可靠，或地面承载能力不够，引起局部下沉，导致倾斜过分而引发倒塔。

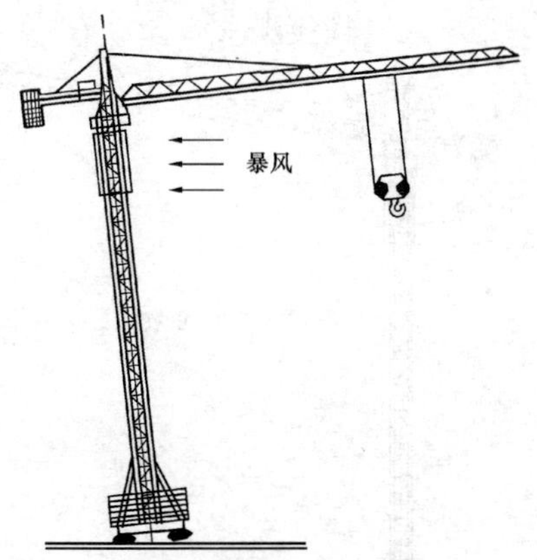

图 12-2　暴风雨袭击下倒塔

二、安装、顶升、附着、拆卸引发的倒塔事故

（1）违背安装顺序、没掌握好平衡规律。最突出的是要先装平衡臂，再装 1～2 块平衡重，使之有适当后倾力矩，然后才能装起重臂。装了吊重臂后塔式起重机向前倾，最后再装平衡重，使塔式起重机在空载状态有后倾力矩。有的人一装平衡重就一直装下去，没掌握适当后倾力矩，就会引发后倾倒塔。反之在拆塔时，一定要先拆平衡重，最多留 1～2 块，然后才能拆起重臂，最后再拆留下的平衡重和平衡臂。但是有的人在拆卸吊重平衡前，不先拆平衡重，后倾力矩过大，结果一拆了平衡臂就倒塔。这些经验教训非常重要，如图 12-3 所示。

（2）顶升时扁担梁（也叫顶升横梁）没搭好，有一头只搭上一点点，或者只搭在踏步的槽边上，当顶升到一定高度后发生单边脱落，造成整个上部倾斜，很难挽回，有的就导致倒塔。这种事故发生较多，很值得引起高度注意。每次顶升油缸开动前，工作人员都应检查一下扁担梁的搭接情况，搭接不好就不要顶升。

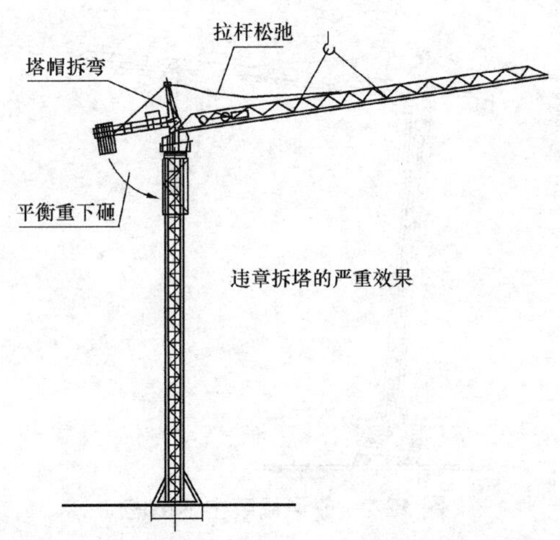

图 12-3　未拆平衡重先拆起重臂后倾倒塔

（3）球形油缸支座的扁担梁，没有防横向倾斜的保险销，或者有保险销也没有用上，在顶升时扁担梁向外翻又没引起注意，结果横向分力导致扁担梁横向弯曲，在得不到限制的条件下，过大的弯曲变形会引起扁担梁端部从踏步的槽内脱出，造成倒塔事故，如图 12-4 所示。

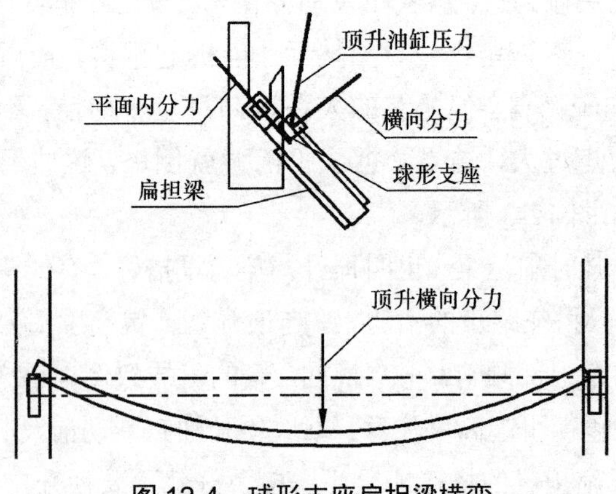

图 12-4　球形支座扁担梁横弯

（4）顶升时装在顶升套架上的两块自动翻转的爬爪没有可靠地搭在标准节踏步的顶部，当油缸回缩使爬爪受力时，发生单边脱落，造成单边受力而使顶部倾斜，引发倒塔。

（5）顶升油缸行程长度与套架滚轮布置不相配，当油缸全行程伸出时，可以使套架上部滚轮超出标准节顶端，从而引起上部倾斜，导致倒塔。所以塔式起重机顶升油缸的规格，一定要按设计要求配置，不可轻易变动。

（6）顶升时回转机构没有制动，在偶然的风力作用下臂架发生回转，致使套架引入门的主弦杆单边受力太大而失去稳定，导致上部倾斜而倒塔。

（7）顶升套架下面的滚轮距离太短，含入量太短，在不平衡力矩作用下，引起滚轮轮压太大，标准节主弦杆在轮压作用下局部弯曲，导致上部倾斜而倒塔。

（8）顶升时没有注意把小车开到足够远处，或者没有吊一个标准节来调节上部的重心位置，使上部重心偏离油缸轴线太远，导致滚轮的局部轮压太大，使主弦杆局部弯曲而倾斜。

（9）套架已顶起一定高度后，液压顶升系统突然发生故障，造成上不能上，下不能下。而作业人员缺乏经验，无法及时排除，停留过久，遇到过大的风力，容易引发倒塔。

（10）塔式起重机安装附着时，没有设置结实可靠的附着支点，当附着架受力时，把支点毁坏，导致上部变形过大而发生重大事故。

（11）受条件限制，附着距离远远超过说明书上的附着距离，不经咨询计算，随意增加附着杆的长度，结果导致附着杆局部失稳，上部变形过大而发生倒塔。

（12）塔式起重机超高使用，不经咨询计算，随意增加附着高度，在高空恶劣的风力条件下，因附加风力太大，而发生附着失效，引发倒塔事故。

（13）在拆塔和降塔时粗心大意，没有注意调节平衡就拆除回转下支座与标准节的连接螺栓，结果同样会引发顶升时局部轮压过大问题。

（14）在未拆除回转下支座与标准节之间的连接螺栓情况下，进行起吊，结果导致不平衡力矩失控而发生顶部倾斜。

（15）前面所述顶升时容易倒塔的各种因素，在拆塔时同样存在。因为拆塔时，为了把标准节从套架内拉出来，先要顶升一小段距离，所以操作中的粗心大意，同样存在事故危险。

（16）降塔时由于受建筑物的条件限制，容易碰到别的障碍物。在缺乏考虑的条件下，轻易开动回转来避开障碍物，从而很容易造成套架引入门的单根弦杆受力过大而失稳倒塔。

（17）在安装中，销轴没有可靠的防窜位措施。有的用铁丝、钢筋代替开口销，日久因锈蚀而发生脱落。销轴失去定位而窜动脱落，会导致重大的倒塔事故。所以加强检查很有必要。

（18）多次安装和拆卸中丢失高强度螺栓，不按原规格购买补充，而是随意就近购买普通螺栓代用，结果因强度不够而发生断裂，导致倒塔。这种事故也较多。

三、使用维护管理不当引起的倒塔事故

（1）把小塔当大塔用，故意使力矩限制器短路不起作用，或者加大力矩限制值，抱侥幸心理，不知道如此做的严重后果。从而导致超力矩倒塔，这种事故实例很多。

（2）日常保养不善，力矩限制器失灵或没发现，早已超力矩还在往外变幅，造成折臂而失去平衡，引发倒塔。

（3）在力矩限制器没有调好或失灵的情况下，大幅度起吊不知重量大小的重物，造成严重超力矩而折臂倒塔。

（4）斜拉、侧拉起吊重物。不知道斜拉、侧拉会使起重臂产生很大的横向弯矩、起重臂下弦杆很容易局部屈曲，从而发生折臂。根部折臂会失去前倾力矩，引起平衡重后倾往下砸，打坏塔身而倒塔，如图 12-5 所示。

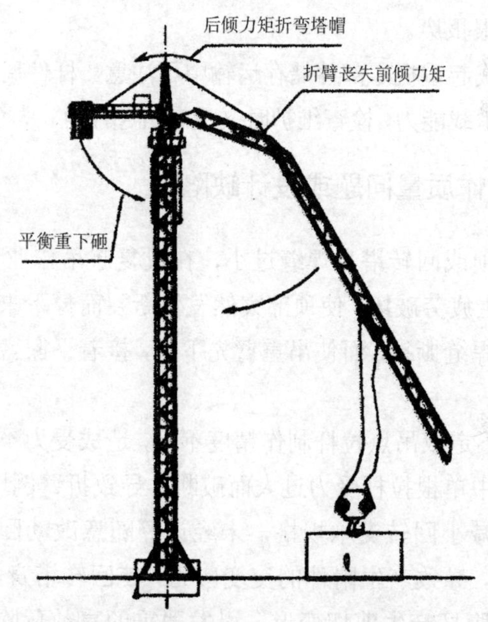

图 12-5　根部折臂引发后倾倒塔

（5）用塔吊去拔起压在别的东西下的物件，没有负载大小的概念，起升机构的惯性冲击引发严重超力矩，折断起重臂而倒塔。

（6）在有障碍物的场合下操作回转，快接近障碍物才停车，因惯性太大停不下来，横向冲击砸坏起重臂，失去平衡引发倒塔。

（7）在塔式起重机安装起重臂各节连接过程中，因销轴敲击过重而冲坏卡板的焊缝，而检查维护管理中又没发现，使用中销轴慢慢内滑而脱出，造成起重臂突然折断而引起倒塔。有的销轴卡板用螺钉固定，使用中螺钉松脱而没有发现，或者忘了装开口销，同样引发上面的严重后果。

（8）塔式起重机年久失修，臂架下弦杆导轨磨损锈蚀严重，检查保养又不注意，造成薄弱处折臂而倒塔。塔式起重机必须按照规定的报废年限报废。

（9）塔式起重机零部件储存运输中不注意，杆件局部砸弯，已失去应有的承载能力，检查维护时又没有引起注意，从而引发事故。

四、制作质量问题或设计缺陷

（1）塔顶或回转塔身焊缝过小，在反复起吊作业下，应力过大，提前产生疲劳破坏，使顶部突然发生断裂而掉下来，或者单根主弦杆连接焊缝撕裂，而使吊重臂先下坠，接着平衡臂下坠，砸坏塔身而倒塔。

（2）静不定双吊点拉杆制作精度不好，造成受力不均，一紧一松，在起吊中单根拉杆受力过大而破断，导致折臂倒塔。

（3）为减小回转支承规格，未经计算随意改动回转上支座。因刚度不够，导致产生附件的交变应力，使回转塔身主弦杆产生疲劳破坏，腹杆产生剪切变形，引发严重的事故危险。

（4）连接螺栓热处理不过关，过硬过脆，达不到应有的塑性变形余量指标。在交变应力下，提早产生疲劳脆断，引起塔身折断倒塔。

（5）塔身截面尺寸偏小，连接套的焊缝应力偏大，又有应力集中，用久了易产生疲劳开裂，引发倒塔。

（6）臂架截面高度偏小，刚度不够，起吊时挠度过大，容易造成往外溜车，又未设置防断绳溜车保护装置，结果在小车牵引绳断裂时失控，小车外溜，加大起重力矩而导致倒塔。

（7）为降低成本，买劣质钢材，尺寸没保证，强度指标和塑性指标都没有保证。结果造成主弦杆脆断，臂架折断或塔身折断而导致倒塔。

（8）刚性平衡臂式塔式起重机，平衡臂刚度不够，或者桁架式平衡臂的主弦杆局部稳定储备不足，没有考虑到在安装过程中，平衡臂在无拉杆时承受平衡重块的能力，导致在安装中预加平衡重块时，平衡臂根部折弯，平衡重下砸而倒塔。也有塔式起重机在使用中，平衡臂的上弦杆局部失稳，导致平衡臂尾部上翘，吊重臂下坠而倒塔的实例。

（9）在起重臂拉杆设计时，只作了宏观应力分析，没考虑到拉杆耳板和圆钢焊接处开槽角点的应力集中，耳板边宽留得不够宽，结果该角点容易产生疲劳断裂，导致拉杆断裂而倒塔。

（10）使用说明书中不够细致，有些过程没说清楚。尤其是拆塔过程中过于简单，易引起拆塔步骤的失误。

第二节　重物下坠事故及原因分析

重物突然下坠，虽然不及倒塔事故严重，但照样威胁人们的生命和财产安全，同样要引起高度重视。

一、使用维护管理不善方面的原因

（1）不重视起重量限制器的维护保养，不调节好起重量限制器就使用，有的甚至故意不用，或加大限制值，使其起不到应有的限制保护作用。他们以为重量过大反正吊不起来，不限制也没什么了不起。但是，塔式起重机的起升机构，往往是多速运行，重载低速，轻载高速，在低速下吊起来的物件，吊到一定的高度后，如切入到高速，就有可能吊不起来，而产生向下溜车。当装有起重量限制器时，这时它就会自动切换回低速，而没有起重量限制器就没有这个功能。溜车时司机若处理得当，打回低速，还不致造成事故，但不熟练的操作者，盲目操作，反而往高速打，就会造成快速下坠事故。

（2）起升机构制动器没调好，太松。在超重情况高速下放时，因惯性作用而制不住，产生溜车下坠。尤其是盘式制动起升机构，更容易发生这种事故。电磁铁抱闸制动器也容易损坏，造成突然溜车下坠。所以塔式起重机的起升机构，更容易发生这种事故，要经常检查调整制动器。

（3）自动换倍率机构，由 2 倍率换 4 倍率时切换不到位，也没注意检查，或者没有加保险销，在起吊中，活动滑轮会突然下落，引发重大事故。所以自动换倍率装置虽然好，但最好能加保险销。

（4）钢丝绳打扭乱绳严重，没及时排除，强行使用。或钢丝绳沾上砂粒，又没有抹润滑油，磨损严重。有断股现象，又没有及时更换引起断绳下坠。

（5）由于吊钩落地，钢丝绳松动反弹，钢丝绳跳出卷筒外或滑轮之外，严重挤伤或断股，又没有及时更换，在满载或超载起吊时，引发断绳下坠。小而长的起升卷筒最易发生这类事故。

（6）钢丝绳末端绳扣螺母没有锁紧，使绳头从中滑出。

二、设计或制作质量方面的问题

（1）起升机构卷筒直径太小，又长又细，一方面使起升绳偏摆角太大，容易乱绳。另一方面钢丝绳缠绕直径小，弯曲度太大，弯曲应力反复交变，容易产生脆性疲劳。过大的弯曲也容易反弹乱绳，增加钢丝绳的磨损。

（2）起升卷筒和滑轮，没有设置防止钢丝绳跳出的挡绳板，或者挡绳板与轮缘距离太大，不能有效阻止钢丝绳跳出。

（3）自动换倍率装置没有设置防脱扣的保险销。因为这需要操作人员上去检查和插拔，增加了麻烦，有些人不愿意设置。

（4）起升钢丝绳运动中某些地方和钢结构有轻微摩擦干涉现象，没有及时发现和排除，导致钢丝绳磨损过快。

（5）有些起升机构采用电磁铁换挡调速，而电磁换挡离合器质量不过关，容易磨损打滑。实际使用中很难判明白在什么情况下不会打滑，不好预防。所以会发生突然下坠事故。一般地说，凡用电磁换挡的起升机构，不允许满负荷空中换挡。

（6）有些起升机构，仍然在使用带橡胶圈的销轴式联轴器（即弹性套柱销联轴器），在反复交变负载下，连接销很容易破坏，发生吊重下坠。

第三节　烧坏起升电机故障原因分析

塔式起重机使用中，烧坏起升机构电机的事故发生较多。虽然它不算什么大事故，却会造成停机停产。尤其是上回转塔式起重机，在高空更换维修又非常困难，故带来损失也不小，可以称得上重大故障。综合分析一下故障原因，主要有以下几种情况：

一、低速挡使用太多，使用时间过长

不管是什么电机，使用低速挡风扇转速低，风力太小，散热条件差，这是温升容易上去的直接原因。要使通风改善，只有增加强

制通风。然而设置强制通风会增加设备成本，绝大多数电机都不会加设强制通风。这就要求操作人员必须注意低速挡不可使用太多。大约每 10 min 内使用时间累计不要超过 1.5 min，每次连续工作时间不宜超过 40 s。低速挡是慢就位用的，不是运行速度，这个时间是足够用的。问题是要理解为什么不能使用过多，自觉避免使用过多。特别是带涡流制动器的绕线式电机，低速时工作在大电流下，更容易发热。鼠笼式电机，启动时也是电流很大，启动次数太多对电机电气元件都不利，一定要避免快速连续点动操作。

二、起重量限制器调整、设置等原因

没有调整好起重量限制器，或者没有设置电机在不同极数下的起重量限制器，或者有起重量限制器故意不用，以小代大，造成电机经常连续严重超载。这种情况经常发生在小塔式起重机上，因为中小塔式起重机为了压低成本，以小代大，功率不富裕的情况较多。而实际施工中的起吊重量往往会超过它的允许额定重量。一些施工单位没有负荷率概念，认为只要能吊起来就行。而设计时，功率选择的大小是与负荷率有关的，负荷率越大，发热越严重。塔式起重机起升机构的负荷率是 40%，不是 100%，并且不允许满负荷连续工作。对小吊车来说，能吊起来往往已是接近满负荷或超满负荷，连续使用当然就容易烧坏电机。

三、连续使用高速提升载荷

塔式起重机高速挡主要是用来落钩的，或者也可以吊很轻的负载。但有的操作人员，当塔式起重机吊索发生摆动时，不是去学会稳钩技术，而是用高速提升法去缩短吊索，以此来稳钩，这并不是好方法，容易造成电机发热。比如一个 8 t 起升机构额定功率为

30 kW，高速 120 m/min，理论吊重 1.3 t，吊钩重量 140 kg，综合传动效率 0.8，那么这时电机实际功率会达到 35 kW。早已超过额定的电机功率。而 1.3 t 是 80 塔式起重机的最常用的重量。经常用高速去提升，容易导致电机发热。

四、电气线路设计上有缺点

使用带涡流制动的绕线电机作起升机构驱动，当切除电阻时，如果没有切断涡流制动器或降低其励磁电流，就会使绕组在大电流下工作过长。因为切除电阻，会加快电机转速，而转速加快后，若励磁电流不变，涡流制动力矩就会加大，相当于给电机增加了额外负载，只会加大电流，这样涡流制动力矩减小，电机就不至于电流太大，即使如此，一挡和二挡也都不可使用过久。

第四节　塔式起重机事故应急预案

一、应急预案的方针与原则

更好地适应法律和经济活动的要求；给企业员工的工作和施工场区周围居民提供更好更安全的环境；保证各种应急资源处于良好的备战状态；指导应急行动按计划有序地进行；防止因应急行动组织不力或现场救援工作的无序和混乱而延误事故的应急救援；有效地避免或降低人员伤亡和财产损失；帮助实现应急行动的快速、有序、高效；充分体现应急救援的“应急精神”。坚持“安全第一、预防为主”“保护人员安全优先、保护环境优先”的方针，贯彻“常备不懈、统一指挥、高效协调、持续改进”的原则。

二、应急策划

1. 工程概况

某工程（以下简称本工程）处于某市开发区的繁华商住区。地下3层，地上30层。地下3层为车库和设备用房，地上1～4层为城市商业、金融、证券、商务会所及休闲娱乐中心，5～28层为大空间商住两用房，29～30层为设备和电梯房。本工程由某设计公司设计，由两栋连体建筑通过裙房相连接，与B座、C座及其裙房等工程共同形成塔楼、板式楼、裙房为一体的现代化建筑群。

本工程由两栋连体30层塔楼组成，塔楼呈正四方形，总高度122.9 m，结构高度 104.5 m，建筑面积约71 025 m^2，南北长78.4 m，东西宽62.75 m，塔楼为30.4～31.5 m的长方形，外窗为竖向条窗，顶部为弧形反檐处理。塔楼标准层为9 m×9 m柱网，预应力梁板结构。基础设防震缝和沉降缝，在主楼与裙楼间设混凝土沉降后浇带。本工程抗震设防烈度为六度，框架—剪力墙抗震等级为三级。本工程地上部分为框架—剪力墙体系，主楼为箱式基础，裙楼为有梁式整板基础。

现场施工使用塔式起重机 1 台，用以提升建筑材料，施工电梯2台，主要是施工人员上下使用。

2. 应急预案工作流程图

根据本工程的特点及施工工艺的实际情况，认真地组织了对危险源和环境因素的识别和评价，特制定本项目发生紧急情况或事故的应急措施，开展应急知识教育和应急演练，提高现场操作人员应急能力，减少突发事件造成的损害和不良环境影响。其应急准备和响应工作程序如图12-6所示。

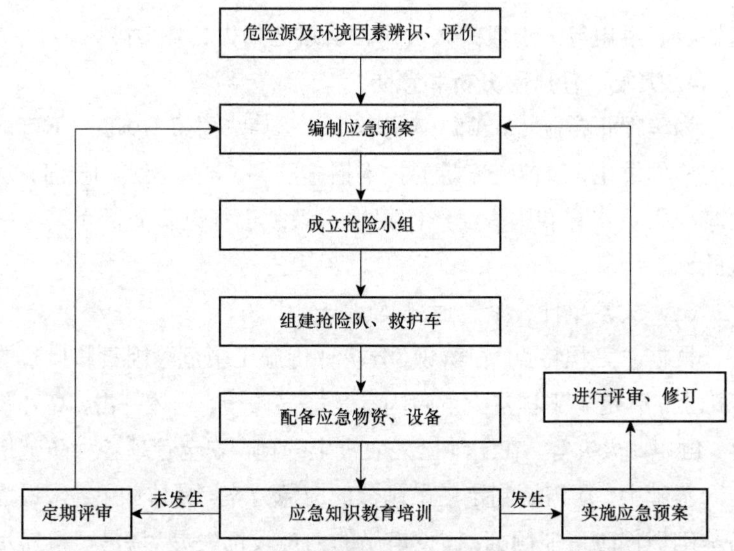

图 12-6　高层施工塔吊倾翻事故应急准备和响应工作程序

3. 重大事故（危险）发展过程及分析

（1）塔吊作业中安全限位装置突然失控，发生撞击护栏及相邻塔吊或坠物，或违反安全规程操作，造成重大事故（如倾倒、断臂）。

（2）基坑边坡在外力荷载作用下滑坡倒塌。

（3）液压升降式脚手架发生部分或整体倒塌及搭拆作业发生人员伤亡事故。

（4）施工电梯操作失误或失灵。

（5）自然灾害（如雷电、沙尘暴、地震、强风、强降雨、暴风雪等）对设施的严重损坏。

（6）塔吊、施工电梯安装和拆除过程中发生的人员伤亡事故。

（7）运行中的电气设备发生故障或线路发生严重漏电。

（8）其他作业可能发生的重大事故（高处坠落、物体打击、起重伤害、触电等）造成的人员伤亡、财产损失、环境破坏。

4. 突发事件风险分析和预防

为确保正常施工，预防突发事件以及某些预想不到的、不可抗拒的事件发生，事前有充足的技术措施准备、抢险物资的储备，从而减少人员伤亡和国家财产的损失，必须进行风险分析和采取有效的预防措施。

（1）突发事件、紧急情况及风险分析。

根据本工程特点，在辨识、分析评价施工中危险因素和风险的基础上，确定本工程重大危险因素是塔吊倾覆、物体打击、高处坠落、触电、火灾等。在工地已采取机电管理、安全管理各种防范措施的基础上，还需要制定塔吊倾覆的应急方案。具体如下：假设塔吊基础坍塌时可能倾翻；假设塔吊的力矩限位失灵，塔吊司机违章作业严重超载吊装，可能造成塔吊倾翻。

（2）突发事件及风险预防措施。

从以上风险情况的分析看，如果不采取相应有效的预防措施，不仅会给工程施工造成很大影响，而且会对施工人员的安全造成威胁。

塔式起重机安装、拆除及运行的安全技术要求：

1）塔式起重机的基础，必须严格按照图纸和说明书进行。塔式起重机安装前，应对基础进行检验，符合要求后，方可进行塔式起重机的安装。

2）安装及拆卸作业前，必须认真研究作业方案，严格按照架设程序分工负责，统一指挥。

3）安装塔式起重机必须保证安装过程中各种状态下的稳定性，必须使用专用螺栓，不得随意代用。

4）塔式起重机附墙杆件的布置和间隔，应符合说明书的规定。当塔身与建筑物水平距离大于说明书规定时，应验算附着杆的稳定性，或重新设计、制作，并经技术部门确认，主管部门验收。在塔式起重机未拆卸至允许悬臂高度前，严禁拆卸附墙杆件。

5）塔式起重机必须按照《塔式起重机安全规程》（GB 5144—2006）及说明书的规定，安装起重力矩限制器、起重量限制器、幅度限制器、起升高度限制器、回转限制器等安全装置。

6）塔式起重机操作使用应符合下列规定：

① 塔式起重机作业前，应检查金属结构、连接螺栓及钢丝绳磨损情况；送电前，各控制器手柄应在零位，空载运转，试验各机构及安全装置并确认正常。

② 塔式起重机作业时严禁超载、斜拉和起吊埋在地下等不明重量的物件。

③ 吊运散装物件时，应制作专用吊笼或容器，并应保障在吊运过程中物料不会脱落。

④ 吊笼或容器在使用前应按允许承载能力的两倍荷载进行试验，使用中应定期进行检查。

⑤ 吊运多根钢管、钢筋等细长材料时，必须确认吊索绑扎牢靠，防止吊运中吊索滑移、物料散落。

⑥ 两台及两台以上塔式起重机之间的任何部位（包括吊物）的距离不应小于 2 m。当不能满足要求时，应采取调整相邻塔式起重机的工作高度、加设行程限位、回转限位装置等措施，并制定交叉作业的操作规程。

⑦ 沿塔身垂直悬挂的电缆，应使用不被电缆自重拉伤和磨损的可靠装置悬挂。

⑧ 作业完毕，起重臂应转到顺风方向，并应松开回转制动器，起重小车及平衡重应置于非工作状态。

⑨ 为防止事故发生，塔吊必须由具备资质的专业队伍安装和

拆除，塔吊司机必须持证上岗。

⑩ 塔吊司机操作时，必须严格按操作规程操作，不准违章作业，严格执行“十不吊”，操作前必须有安全技术交底记录，并履行签字手续。

塔吊安装、顶升、拆除必须先编制施工方案，经项目总工审批后遵照执行。

塔吊安装完成后，必须经检验检测及验收，合格后方可投入使用。

三、应急准备

1. 机构与职责

一旦发生塔吊倾翻安全事故，公司领导及有关部门负责人必须立即赶赴现场，组织指挥应急处理，成立现场应急领导小组。

（1）公司应急领导小组组成。

组长：总经理。

副组长：主管施工生产的副总经理、总工程师。

成员：安全质量管理部、工程管理部、工会、生产保护部、公安处、劳资培训部、社会保险事业管理部、设备物资部、集团中心医院、集团公司机关门诊部。

（2）职责：

① 研究、审批抢险方案。

② 组织、协调各方抢险救援的人员、物资、交通工具等。

③ 保持与上级领导机关的通信联系，及时发布现场信息。

（3）项目部应急领导小组及其人员组成。

组长：×××

副组长：×××

下设

通信联络组组长：×××

技术支持组组长：×××

抢险抢修组组长：×××

医疗救护组组长：×××

后勤保障组组长：×××

（4）应急组织的职责及分工。

1）组长职责：

① 决定是否存在或可能存在重大紧急事故，要求应急服务机构提供帮助并实施场外应急计划，在不受事故影响的地方进行直接控制。

② 复查和评估事故（事件）可能的发展方向，确定其可能的发展过程。

③ 指导设施的部分停工，并与领导小组成员的关键人员配合指挥现场人员撤离，并确保任何伤害者都能得到足够的重视。

④ 与场外应急机构取得联系及对紧急情况的处理作出安排。

⑤ 在场（设施）内实行交通管制，协助场外应急机构开展服务工作。

⑥ 在紧急状态结束后，控制受影响地点的恢复，并组织人员参加事故的分析和处理。

2）副组长（现场管理者）职责：

① 评估事故的规模和发展态势，建立应急步骤，确保员工的安全和减少设施和财产损失。

② 如有必要，在救援服务机构到来之前直接参与救护活动。

③ 安排寻找受伤者及安排非重要人员撤离到集中地带。

④ 设立与应急中心的通信联络，为应急服务机构提供建议和信息。

3）通信联络组职责：

① 确保与最高管理者和外部联系畅通、内外信息反馈迅速。

② 保持通信设施和设备处于良好状态。

③ 负责应急过程的记录与整理及对外联络。

4）技术支持组职责：

① 提出抢险抢修及避免事故扩大的临时应急方案和措施。

② 指导抢险抢修组实施应急方案和措施。

③ 修补实施中的应急方案和措施存在的缺陷。

④ 绘制事故现场平面图，标明重点部位，向外部救援机构提供准确的抢险救援信息资料。

5）保卫组职责：

① 保护受害人财产。

② 设置事故现场警戒线、岗，维持工地内抢险救护的正常运作。

③ 保持抢险救援通道的通畅，引导抢险救援人员及车辆的进入。

④ 抢险救援结束后，封闭事故现场直到收到明确解除指令。

6）抢险抢修组职责：

① 实施抢险抢修的应急方案和措施，并不断加以改进。

② 寻找受害者并转移至安全地带。

③ 在事故有可能扩大进行抢险抢修或救援时，高度注意避免意外伤害。

④ 抢险抢修或救援结束后，直接报告最高管理者并对结果进行复查和评估。

7）医疗救治组：

① 在外部救援机构未到达前，对受害者进行必要的抢救（如人工呼吸、包扎止血、防止受伤部位受污染等）。

② 使重度受害者优先得到外部救援机构的救护。

③ 协助外部救援机构转送受害者至医疗机构，并指定人员护理受害者。

8）后勤保障组职责：

① 保障系统内各组人员必需的防护、救护用品及生活物资的供给。

② 提供合格的抢险抢修或救援的物资及设备。

2. 应急资源

应急资源的准备是应急救援工作的重要保障，项目部应根据潜在事故的性质和后果分析，配备应急救援中所需的消防手段、救援机械和设备、交通工具、医疗设备和药品、生活保障物资。主要应急机械设备见表 12-1。

表 12-1　主要应急机械设备储备表

序号	材料、设备名称	单位	数量	规格型号	主要工作性能指标	现在何处	备注
1	液压汽车吊	辆	1	QY—16	161	现场	
2	电焊机	台	2	BX5000		现场	
3	卷扬机	台	2	JJ2—0.5	拉力 5 t	现场	
4	发电机	台	1		75 kW	现场	
5	小汽车	台	1			现场	

应急物资主要有：

（1）氧气瓶、乙炔瓶、气割设备 1 套。

（2）备用 5 m 长绝缘杆 1 根。

（3）一根 $\phi20$ 棕绳，长 30 m；一根 $\phi12$ 尼龙绳，长 30 m（存项目部）。

（4）急救药箱 2 个（项目部、土建队各配备 1 个）。

（5）手电 6 个（塔吊、电工、抢险组、防护组、经理、副经理各配备 1 个）。

（6）对讲机 6 部。

3. 教育、训练

为全面提高应急能力，项目部应对抢险人员进行必要的抢险知识教育，制定出相应的规定，包括应急内容、计划、组织与准备、效果评估等。

4. 互相协议

项目部应事先与地方医院、宾馆建立正式的互相协议，以便在事故发生后及时得到外部救援力量和资源的援助。

相关单位联系电话表。

四、应急响应

施工过程中施工现场或驻地发生无法预料的需要紧急抢救处理的危险时，应迅速逐级上报，次序为现场、办公室、抢险领导小组、上级主管部门。由项目部安质部收集、记录、整理紧急情况信息并向小组及时传递，由小组组长或副组长主持紧急情况处理会议，协调、派遣和统一指挥所有车辆、设备、人员、物资等实施紧急抢救和向上级汇报。事故处理根据事故大小情况来确定，如果事故特别小，根据上级指示可由施工单位自行直接进行处理。如果事故较大或施工单位处理不了，则由施工单位向建设单位主管部门进行请示，请求启动建设单位的救援预案，建设单位的救援预案仍不能进行处理，则由建设单位的安全管理部门向政府的建筑安全监督管理部门请示启动上一级救援预案。

应急事故发生处理流程如图 12-7 所示。

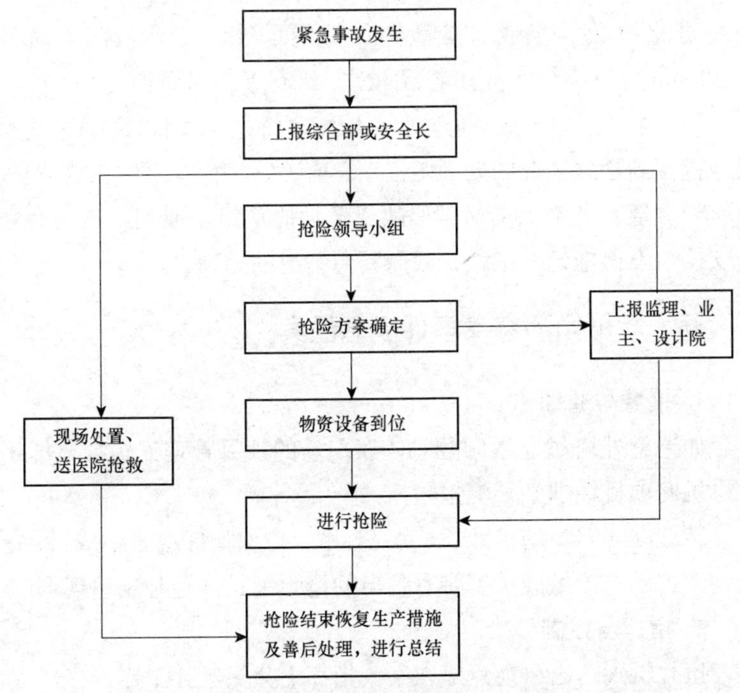

图 12-7　高层施工塔吊倾翻应急事故发生处理流程

（1）项目部实行昼夜值班制度，项目部值班时间和人员记录如下：7：30—20：30 ×××；20：30—7：30 ×××。

（2）紧急情况发生后，现场要做好警戒和疏散工作，保护现场，及时抢救伤员和财产，并由在现场的项目部最高级别负责人指挥，在 3 min 内电话通报到值班人员，主要说明紧急情况性质、地点、发生时间、有无伤亡、是否需要派救护车、消防车或警力支援到现场实施抢救，如需可直接拨打 120、110 等求救电话。

（3）值班人员在接到紧急情况报告后必须在 2 min 内将情况报告到紧急情况领导小组组长和副组长。小组组长组织讨论后在最短的时间内发出如何进行现场处置的指令。分派人员车辆等到现场进行抢救、警戒、疏散和保护现场等。由项目部安质部在 30 min 内以小组名义打电话向上一级有关部门报告。

（4）遇到紧急情况，全体职工应特事特办、急事急办，主动积极地投身到紧急情况的处理中去。各种设备、车辆、器材、物资等应统一调遣，各类人员必须坚决无条件服从组长或副组长的命令和安排，不得拖延、推诿、阻碍紧急情况的处理。

五、塔吊倾翻突发事件应急预案

1. 接警与通知

如遇意外塔吊发生倾翻时，在现场的项目管理人员要立即用对讲机向项目经理某某汇报险情。

某某立即召集施工队长、劳务队长、抢救指挥组其他成员，抢救、救护、防护组成员携带着各自的抢险工具，赶赴出事现场。

2. 指挥与控制

抢救组到达出事地点，在某某指挥下分头进行工作。

（1）首先抢救组和经理一起查明险情，确定是否还有危险源。如碰断的高、低压电线是否带电；塔吊构件、其他构件是否有继续倒塌的危险；人员伤亡情况；商定抢救方案后，项目经理向公司总工请示汇报批准，然后组织实施。

（2）防护组负责把出事地点附近的作业人员疏散到安全地带，并进行警戒不准闲人靠近，对外注意礼貌用语。

（3）工地值班电工负责切断有危险的低压电气线路的电源。如果在夜间，接通必要的照明灯光。

（4）抢险组在排除继续倒塌或触电危险的情况下，立即救护伤员：一边联系救护车，一边及时进行止血包扎，用担架将伤员抬到车上送往医院。

（5）对倾翻变形塔吊的拆卸、修复工作应请塔吊厂家来人指导进行。

（6）塔吊事故应急抢险完毕后，项目经理立即召集塔吊司机组的全体人员进行事故调查，找出事故原因、责任人以及制定防止再次发生类似的整改措施。

（7）对应急预案的有效性进行评审、修订。

3. 通信

项目部必须将“110”“120”、项目部应急领导小组成员的手机号码、企业应急领导组织成员手机号码、当地安全监督部门电话号码，明示于工地显要位置。工地抢险指挥及安全员应熟知这些号码。

4. 警戒与治安

安全保卫小组在事故现场周围建立警戒区域实施交通管制，维护现场治安秩序。

5. 人群疏散与安置

疏散人员工作要有秩序地服从指挥人员的疏导要求进行疏散，做到不惊慌失措，不混乱，不拥挤，减少人员伤亡。

6. 公共关系

项目部安质部为事故信息收集和发布的组织机构。安质部届时将起到项目部的媒体的作用，对事故的处理、控制、进展、升级等情况进行信息收集，并对事故轻重情况进行删减，有针对性定期和不定期地向外界和内部如实地报道，向内部报道要是向项目部内部各工区、集团公司的报道等，外部报道主要是向业主、监理、设计等单位的报道。

六、现场恢复

充分辨识恢复过程中存在的危险，当安全隐患彻底清除，方可恢复正常工作状态。

七、预案管理与评审改进

公司和项目部对应急预案每年至少进行一次评审，针对施工的变化及预案中暴露的缺陷，不断更新完善和改进应急预案。

第十三章　塔式起重机典型事故案例分析

案例1　QTZ63塔式起重机拆卸坍塌较大事故

一、事故概况

事故发生时间：2019年1月23日9时15分

事故发生地点：某县一个三期在建工程10号楼

事故类别：起重机坍塌事故

事故级别：较大事故

经济损失：580余万元

二、事故发生经过

2019年1月23日，租赁公司对该项目10号楼塔式起重机进行拆除作业，7点30分左右施工人员到达拆卸现场后，在未向施工单位和监理单位汇报的情况下，司机从10号楼顶通道进入司机室操作塔式起重机，分两次吊运施工升降机附着架（9套、共重935.8 kg）、混凝土料斗至附近围墙处，其间又应要求，分三次吊运竹夹板、钢管至围墙内。完成前期准备工作后（包括于距塔身20 m处吊起9套施工升降机附着架作为平衡起重臂和平衡臂用），于上午9点左右开始实施拆除作业，除司索指挥地面指挥，其余 5 人均登上塔吊进行拆除作业。开始拆除作业 15 min 后，拆卸工人在拆除距离地面 80 m 的塔吊第 29 节标准节（事发现场已散体为两个单独主肢及一个两主肢相连片状节）上下高强度螺栓后，操作液压顶升机构顶升，由于顶升横梁销轴未可靠放入第 28 节主肢踏步圆弧槽，未将顶升横梁防脱装置推入踏步下方小孔内，同时平衡臂与起重臂未能一直保持平衡（司机操作小车吊运 935.8 kg 的 9 套施工升降机附着架，由距塔身约 20 m 处回收至距塔身 4.9 m 处。而该《QTZ63 使用说明书》规定是小车应在距塔身 15 m 处吊一节 735 kg 标准节保持不动），且其他作业人员同步将第 29 节标准节往引进平台方向推出，导致顶升横梁销轴一端从第 28 节标准节 4 号主肢踏步处滑脱，造成塔式起重机上部载荷由顶升横梁一端承担而失稳，上部结构墩落引发塔式起重机从第 14 节标准节处断裂坍塌。

三、事故直接原因

塔式起重机安装拆卸人员严重违规作业，违反《建筑施工塔式起重机安装、使用、拆卸安全技术规程》（JGJ 196—2010）第 5.0.4、《QTZ63 使用说明书》第 8.2.1 等规定是导致本起事故发生的直接原因。

（1）在顶升过程中未保证起重臂与平衡臂配平，同时有移动小车的变幅动作。

（2）未使用顶升防脱装置。

（3）未将横梁销轴可靠落入踏步圆弧槽内。

（4）在进行找平变幅的同时将拟拆除的标准节外移。

以上违规操作行为导致横梁销轴从西北侧端踏步圆弧槽内滑脱，造成塔式起重机上部荷载由顶升横梁一端承重而失稳，导致塔式起重机上部结构墩落，引发此次塔式起重机坍塌事故。

四、事故性质

经调查分析认定：该三期在建工程项目“1·23”塔式起重机坍塌事故是一起较大生产安全责任事故。

五、事故防范和整改措施建议

为了深刻吸取本次事故教训，强化落实生产经营单位的安全生产主体责任，防止各类事故的发生，特提出如下防范措施建议：

（1）坚守不可逾越的安全意识红线，落实“生命至上、安全发展”的理念。县委、县人民政府要认真贯彻落实《地方党政领导干部安全生产责任制规定》，充分认清当前安全生产形势，紧绷安全生产这根弦，层层压实安全生产责任，把安全生产各项工作落到实处；县各级各部门要认真履行安全生产职责，强化安全监管和专项整治，以有效的措施坚决防范和杜绝较大及以上事故的发生；县各乡镇、街道办事处要切实建立健全安全生产责任体系和“横向到边、纵向到底”对辖区内在建项目全覆盖监管的安全监管机制，确保安全生产基层基础的夯实。

（2）切实强化建筑施工行业的安全监管力度。一是市住建局按“三个必须”的要求严格督促辖区内各级住建部门按照国家相关法律、法规的规定，深入开展建筑施工行业专项整治，全面排查在建工地的各类安全隐患和违法行为，严格整治标准，坚决防止走过场、搞形式，严防建筑施工行业机械设备再次发生事故。二是县政府、乡镇和园区要按照分级负责和谁主管、谁负责的原则，推动建筑行业领域在建项目全面做实大排查、大管控、大整治行动，杜绝各类建筑行业事故发生。

（3）要切实落实建筑施工企业安全生产主体责任。一是强化建筑施工企业落实安全主体责任，要深刻吸取这次事故教训，举一反三，依照相关法律法规，建立、健全建筑行业安全生产责任制，制定完善安全生产管理制度及规程；坚决遏制建筑施工作业现场的安全管理失控行为。二是强化建筑施工现场安全管理，要按照安全管理规定和操作规程，强化建筑施工现场安全管理，实现生产安全。三是强化施工人员安全教育培训，要强化对施工人员安全教育培训及应急专项安全培训，使从业人员掌握必要的安全知识，增强自我保安能力。

案例 2　QTZ80 塔式起重机拆卸起重臂坠落事故

一、事故概况

事故发生时间：××××年×月

事故发生单位：某市住宅公司

起重设备类型：塔式起重机

作业特点：拆卸塔式起重机

事故类型：平衡臂总成，起重臂总成，顶升架坠落

事故危害程度：2 人重伤

二、事故发生经过

××××年×月，某市住宅公司某工区施工工地，在拆卸施工用的 QTZ80 塔式起重机时，发生了塔式起重机上部结构（包括塔顶、上下回转支座、司机室、平衡臂总成、起重臂总成、顶升架等）突然坠落的重大事故，致使 2 人重伤。

塔式起重机的顶升油缸活塞杆断裂，顶升机构的平衡梁（即扁担梁）坠落地面；顶升部分（上部结构）质量约 22.5 t，自由沿塔身下落 2.5 m 左右，平衡臂钢丝绳拉断；平衡重块坠落地面，塔顶前倾 150～200 mm，起重臂前倾，搭搁在塔式起重机前面建筑物的雨搭上；上、下两层工作平台被砸落；下支座与顶升架之间的两组螺栓（M24，共 16 个）被拉断。在现场发现平衡臂钢丝绳被拉断；顶升平衡梁与油缸活塞杆连接交点上部 10 mm 处折断；踏步上有压

痕；现场调查中还发现顶升机构的爬爪端部有较严重的擦痕区域。

三、事故原因分析

当标准节 AB 挂在引进小车上推出顶升架外侧后，操作者操纵液压系统欲使套架下落，油缸和活塞杆缩回，带动顶升架下落，但爬爪的顶部恰巧顶在踏步上部外侧的边角上，使下落的顶升架受阻，此时顶升架上的油缸筒也不能下移。活塞杆只能向上收缩带起平衡梁，使平衡梁右端销轴抬起脱离踏步凹槽。此时油缸活塞杆所承受的压力几乎全部落在爬爪上，而爬爪顶部顶在踏步外侧的上端，此时平衡梁左端销轴尚未脱离左端踏步槽内阻止顶升架下滑，但又不阻挡不住顶升的全部质量的下滑，直至塔式起重机下支座与标准节相撞停止，引起平衡臂拉升崩断，平衡臂以臂根铰点为轴心急速摆动落下。

1. 直接原因

顶升架下降时，爬爪定在踏步的上边角使顶升架下落瞬时受阻，平衡梁一端脱离踏步，致使活塞杆受弯折断。

2. 间接原因

未严格遵照拆装步骤，未逐步检查后再进行下一步拆卸工序。

爬爪提升方式有缺陷，爬爪的脱开操作不很方便。

3. 主要原因

未严格遵照拆装步骤，未逐步检查后再进行下一步拆卸工序。

爬爪顶在踏步的上边角使顶升架下降瞬时受阻，平衡梁一端脱离踏步，致使活塞杆受弯折断。

四、事故结论

操作者未严格遵照拆装步骤，逐步检查后再进行下一步拆卸工序，导致顶升架下降时，爬爪顶在踏步的上边角顶升架下降瞬时受阻，平衡梁一端脱离踏步，使活塞杆受弯折断，造成事故。

五、事故预防措施

（1）在拆装塔式起重机时，应严格遵照拆装步骤，逐步检查，上一步未完成，就不能进行下一步工序。

（2）从设计上改进爬爪的提升方式，做到爬爪的脱开和塔上操作应十分方便可靠。

参考文献

[1] 窦汝伦. 起重机械 [M]. 北京：中国建筑工业出版社，1992.
[2] 窦汝伦. 建筑起重机械 [M]. 北京：中国环境科学出版社，2009.
[3] 崔乐芙. 建筑塔式起重机 [M]. 北京：中国环境科学出版社，2011.

附录一　建筑施工特种作业人员安全技术考核大纲（试行）（摘录）

8　建筑起重机械安装拆卸工（塔式起重机）安全技术考核大纲（试行）

8.1　安全技术理论

8.1.1　安全生产基本知识

1 了解建筑安全生产法律法规和规章制度

2 熟悉有关特种作业人员的管理制度

3 掌握从业人员的权利义务和法律责任

4 掌握高处作业安全知识

5 掌握安全防护用品的使用

6 熟悉安全标志、安全色的基本知识

7 了解施工现场消防知识

8 了解现场急救知识

9 熟悉施工现场安全用电基本知识

8.1.2　专业基础知识

1 熟悉力学基本知识

2 了解电工基础知识

3 熟悉机械基础知识

4 熟悉液压传动知识

5 了解钢结构基础知识

6 熟悉起重吊装基本知识

8.1.3　专业技术理论

1 了解塔式起重机的分类

2 掌握塔式起重机的基本技术参数

3 掌握塔式起重机的基本构造和工作原理

4 熟悉塔式起重机基础、附着及塔式起重机稳定性知识

5 了解塔式起重机总装配图及电气控制原理知识

6 熟悉塔式起重机安全防护装置的构造和工作原理

7 掌握塔式起重机安装、拆卸的程序、方法

8 掌握塔式起重机调试和常见故障的判断与处置

9 掌握塔式起重机安装自检的内容和方法

10 了解塔式起重机的维护保养的基本知识

11 掌握塔式起重机主要零部件及易损件的报废标准

12 掌握塔式起重机安装、拆除的安全操作规程

13 了解塔式起重机安装、拆卸常见事故原因及处置方法

14 熟悉《起重吊运指挥信号》（GB 5082）内容

8.2　安全操作技能

8.2.1　掌握塔式起重机安装、拆卸前的检查和准备

8.2.2　掌握塔式起重机安装、拆卸的程序、方法和注意事项

8.2.3　掌握塔式起重机调试和常见故障的判断

8.2.4　掌握塔式起重机吊钩、滑轮、钢丝绳和制动器的报废标准

8.2.5　掌握紧急情况处置方法

附录二　建筑施工特种作业人员安全操作技能考核标准（试行）（摘录）

5　建筑起重机械安装拆卸工（塔式起重机）安全操作技能考核标准（试行）

5.1　塔式起重机的安装、拆卸

5.1.1　考核设备和器具

1 QTZ 型塔式起重机一台（5 节以上标准节），也可用模拟机；

2 辅助起重设备一台；

3 专用扳手一套，吊、索具长、短各一套，铁锤 2 把，相应的卸扣 6 个；

4 水平仪、经纬仪、万用表、拉力器、30 米长卷尺、计时器；

5 个人安全防护用品。

5.1.2　考核方法

每 6 位考生一组，在实际操作前口述安装或顶升全过程的程序及要领，在辅助起重设备的配合下，完成以下作业：

A 塔式起重机起重臂、平衡臂部件的安装

安装顺序：安装底座→安装基础节→安装回转支承→安装塔帽→安装平衡臂及起升机构→安装 1～2 块平衡重（按使用说明书要求）→安装

起重臂→安装剩余平衡重→穿绕起重钢丝绳→接通电源→调试→安装后自验。

B 塔式起重机顶升加节

顶升顺序：连接回转下支承与外套架→检查液压系统→找准顶升平衡点→顶升前锁定回转机构→调整外套架导向轮与标准节间隙→搁置顶升套架的爬爪、标准节踏步与顶升横梁→拆除回转下支承与标准节连接螺栓→顶升开始→ 拧紧连接螺栓或插入销轴（一般要有 2 个顶升行程才能加入标准节）→加节完毕后油缸复原→拆除顶升液压线路及电气。

5.1.3　考核时间：120 min。具体可根据实际考核情况调整。

5.1.4　考核评分标准

A 塔式起重机起重臂、平衡臂部件的安装

满分 70 分。考核评分标准见表 5.1.1，考核得分即为每个人得分，各项目所扣分数总和不得超过该项应得分值。

表 5.1.1　考核评分标准

序号	扣分标准	应得分值
1	未对器具和吊索具进行检查的，扣 5 分	5
2	底座安装前未对基础进行找平的，扣 5 分	5
3	吊点位置确定不正确的，扣 10 分	10
4	构件连接螺栓未拧紧、或销轴固定不正确的，每处扣 2 分	10
5	安装 3 节标准节时未用（或不会使用）经纬仪测量垂直度的，扣 5 分	5
6	吊装外套架索具使用不当的，扣 4 分	4
7	平衡臂、起重臂、配重安装顺序不正确的，每次扣 5 分	10
8	穿绕钢丝绳及端部固定不正确的，每处扣 2 分	6
9	制动器未调整或调整不正确的，扣 5 分	5
10	安全装置未调试的，每处扣 5 分；调试精度达不到要求的，每处扣 2 分	10
合计		70

B 塔式起重机顶升加节

满分 70 分。考核评分标准见表 5.1.2，考核得分即为每个人得分，各项目所扣分数总和不得超过该项应得分值。

表 5.1.2 考核评分标准

序号	扣分标准	应得分值
1	构件连接螺栓未紧固或未按顺序进行紧固的，每处扣 2 分	10
2	顶升作业前未检查液压系统工作性能的，扣 10 分	10
3	顶升前未按规定找平衡的，每次扣 5 分	10
4	顶升前未锁定回转机构的，扣 5 分	5
5	未能正确调整外套架导向轮与标准节主弦杆间隙的，每处扣 5 分	15
6	顶升作业未按顺序进行的，每次扣 10 分	20
合计		70

说明：

1. 本考题分 A、B 两个题，即塔式起重机起重臂、平衡臂部件的安装和塔式起重机顶升加节作业，在考核时可任选一题。

2. 本考题也可以考核塔式起重机降节作业和塔式起重机起重臂、平衡臂部件拆卸，考核项目和考核评分标准由各地自行拟定。

3. 考核过程中，现场应设置 2 名以上的考评人员。

5.2 零部件判废

5.2.1 考核器具

1 吊钩、滑轮、钢丝绳和制动器等实物或图示、影像资料（包括达到报废标准和有缺陷的）；

2 其他器具：计时器 1 个。

5.2.2 考核方法

从吊钩、滑轮、钢丝绳、制动器等实物或图示、影像资料中随机抽取 3 件（张），判断其是否达到报废标准并说明原因。

5.2.3　考核时间：10 min。

5.2.4　考核评分标准

满分 15 分。在规定时间内能正确判断并说明原因的，每项得 5 分；判断正确但不能准确说明原因的，每项得 3 分。

5.3　紧急情况处置

5.3.1　考核设备和器具

1 设置突然断电、液压系统故障、制动失灵等紧急情况或图示、影像资料；

2 其他器具：计时器 1 个。

5.3.2　考核方法

由考生对突然断电、液压系统故障、制动失灵等紧急情况或图示、影像资料中所示紧急情况进行描述，并口述处置方法。对每个考生设置一种。

5.3.3　考核时间：10 min。

5.3.4　考核评分标准

满分 15 分。在规定时间内对存在的问题描述正确并正确叙述处置方法的，得 15 分；对存在的问题描述正确，但未能正确叙述处置方法的，得 7.5 分。